加湿器质量评价及测试指南

陈松涛 等◎编著

中国质量标准出版传媒有限公司
中　国　标　准　出　版　社
北　京

图书在版编目（CIP）数据

加湿器质量评价及测试指南/陈松涛等编著．—北京：中国质量标准出版传媒有限公司，2023.3

ISBN 978-7-5026-5124-4

Ⅰ.①加… Ⅱ.①陈… Ⅲ.①加湿器—质量评价—指南 ②加湿器—测试—指南 Ⅳ.①TM925.130.6-62

中国版本图书馆 CIP 数据核字（2022）第 216189 号

中国质量标准出版传媒有限公司
中　国　标　准　出　版　社　出版发行

北京市朝阳区和平里西街甲 2 号（100029）

北京市西城区三里河北街 16 号（100045）

网址：www.spc.net.cn

总编室：(010) 68533533　发行中心：(010) 51780238

读者服务部：(010) 68523946

中国标准出版社秦皇岛印刷厂印刷

各地新华书店经销

*

开本 710×1000　1/16　印张 8.25　字数 120 千字

2023 年 3 月第一版　　2023 年 3 月第一次印刷

*

定价　60.00　元

组织编写单位

中国家用电器研究院
中家院（北京）检测认证有限公司
国家家用电器计量站
飞利浦家电（中国）投资有限公司
启迪亚都（北京）科技有限公司
艾恩姆集团有限公司
北京三五二环保科技有限公司

本书撰写组成员

陈松涛　张　晓　闫　凌　苏进财
周　旭　鲁建国　范丙强　李　伟
叶冬冬　曹　璐　廖成键　张　燚
龚江林　徐正翱　李珊珊　李　鹏
曹瑞林　李　轶　张维超　唐雪瑾
刘皓男　王之京　霍雨佳

PREFACE 序

加湿器是一种主要用于增加房间空气湿度的家用电器。随着经济的发展，人们生活节奏日益加快，对生活质量要求日益提高，拥有一个湿度适宜的家居环境越来越受到消费者的重视。加湿器具有使用方便、日常维护简单、安全环保的特点，所以在如今的室内小型家用电器产品市场中占有非常重要的地位，特别是在北方采暖季更是必不可少的家用电器。

市场上销售的加湿器主要有四种类型，分别是超声波式加湿器、蒸发式加湿器、电热式加湿器和复合式加湿器。超声波式加湿器通过超声波将水雾化，再用风扇将水分扩散到空气中，达到增加空气湿度的目的；蒸发式加湿器是指在风机的作用下将自然蒸发水分扩散到空气中的加湿器，包括通过离心力将水甩成微粒并吹散在空气中的离心式加湿器；电热式加湿器是指通过电加热的方式使水汽化，产生蒸汽的加湿器，包括用电极加热水，使水汽化的电极式加湿器；复合式加湿器就是同时使用上述任意两种或两种以上原理实现加湿功能的加湿器。

受消费升级、健康意识提升、空气污染问题严重等因素的影响，我国加湿器市场发展迅速，但我国加湿器普及率相较于发达国家仍处在较低的水平。随着市场的不断开拓，我国加湿器行业未来发展前景广阔。为满足人们日益升级的消费需求，推动构建以标准引领、企业履责、政府监管为基础的管理体系，同时指导消费者更加理性地购买、更加科学有效地使用加湿器，我们撰写了《加湿器质量评价及测试指南》。

本书共分为5章，分别从加湿器的国内外行业现状、质量评价、测试指南、质量分析、选购和使用指南等几方面进行了详细的阐述，为加湿器各利益相关方提供了客观、公正和权威的技术支撑。

由于水平有限，加之时间仓促，书中难免有错误和不妥之处，敬请广大读者批评指正。

在此，感谢中国标准出版社编辑的支持和鼓励，感谢他们在本书撰写与出版过程中的热情帮助和耐心指导。

编著者

2022年3月

CONTENTS 目录

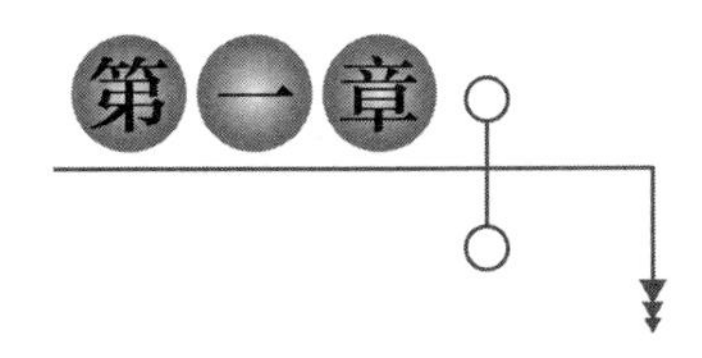

国内外行业现状

第一节　产品领域

加湿器是一种主要用于增大房间空气湿度的家用电器，自 1963 年第一款家用加湿器在瑞士问世以来，已经有了长足的发展。迄今为止，加湿器已经是比较成熟的产品。随着经济的发展，人们生活节奏日益加快，对生活质量要求日益提高，拥有一个湿度适宜的家居环境越来越受到消费者的重视。加湿器具有使用方便、日常维护简单、安全环保的特点，所以在如今的室内小型家用电器产品市场中占有非常重要的地位。

加湿器的销售有着明显的季节性和区域性特点。加湿器销售市场主要集中在北方地区，该产品主要适用于北方的秋冬季供暖期和入春时干燥的气候环境期，在此期间，产品销售呈明显增长的趋势。据统计，加湿器的销售旺季一年之中不超过 5 个月，除销售旺季外其他时间，消费者很少关注这个产品，这也就导致加湿器无法像净水机、洗衣机等产品一样，能够实现一年四季产销旺盛。

一、国内外市场现状

据统计，2019 年国内加湿器产量约为 600 万台，产值约 150 亿元，中国已经是世界上最大的加湿器生产国，但是加湿器的国内家庭占有率还不足 5%，与西方发达国家相比，还存在较大差距。加湿器在西方发达国家普及率较高，在美国家庭普及率最高达到 27%，英国、意大利、日本、韩国等国家普及率也超过了20%。近几年来，加湿器销量每年持续增长，按照家庭占有率10%~15%计算，加湿器在中国市场还将有巨大的增长空间。

中国加湿器行业经过多年的发展，已成为一个技术较成熟的行业。与其他家电产品相比较，加湿器处于一个相对激烈的竞争环境里，以广东为代表的各加湿器生产企业占据了国内加湿器市场的主要份额。随着中国加湿器市场蓬勃发展，加湿器品种越来越多样化，各大企业也纷纷加入市场竞争，加湿器市场已经进入竞争的白热化阶段。

目前，国外加湿器生产企业主要集中在欧洲和美国地区，很多国外企业非常重视我国的加湿器市场，都在不断增加向中国出口的产品，同时，一些实力雄厚的企业在中国投资建厂或寻找代工的生产企业，进一步降低生产、运输成本，使得国内加湿器市场竞争更为激烈。

根据加湿器行业的实际情况，以生产企业规模及年销售额为标准划分为大、中、小型企业，比例为1∶2∶5。加湿器企业入门门槛较低，以中小企业为主。

二、产品的功能

目前，加湿器产品功能越来越多样化，其主流产品的功能主要包括：室内加湿、湿度调节、香薰、水质过滤、缺水保护、WIFI远程控制等，部分高端产品还具有抗菌、防霉、除菌等功能。

加湿器的加湿效果好坏直接关系到消费者的使用感受。生产企业应围绕GB/T 23332—2018《加湿器》中“加湿量”“加湿效率”“噪声”等技术指标进行开发，以提高产品的行业竞争力。

因为加湿器长期与水接触，容易滋生细菌，这些细菌通过加湿后的空气扩散到周围环境中，造成了二次污染，会对使用者造成伤害。为了解决上述问题，具有抗菌、防霉、除菌功能的加湿器应运而生，并且受到了广大消费者的青睐。加湿器抗菌功能是指器具中所使用的材料具有抑制细菌生长繁殖的作用，目前的主要技术是向材料中添加抑菌剂，如

银离子等。防霉功能是指器具中所用的材料具有抑制霉菌生长繁殖的作用，主要采取物理、化学等方法来实现。除菌功能是指器具整机对细菌具有去除、消灭的作用，目前应用比较普遍的技术有高温、紫外照射、电解水技术等。

近年来，随着信息技术的不断进步，加湿器产品的智能化程度越来越高，越来越多的产品具有湿度监测、远程控制、自动控制、记忆等功能。例如：使用者利用加湿器环境湿度监测功能，将其设置在一定的湿度范围内，当室内湿度下降到设置限值以下时，加湿器就会自动开启加湿功能，以保持室内湿度的恒定，无介入式地为使用者提供舒适的家居环境。

三、产品分类及工作原理

1. 产品分类

加湿器按照加湿方式分为：

（1）超声波式；

（2）蒸发式；

（3）电热式；

（4）复合式。

2. 工作原理

超声波式加湿器（见图 1-1）的工作原理是通过超声波将水雾化，并将水雾分散到空气中。超声波式加湿器在日常生活中最为常见，其特点是加湿量大、加湿效率高、价格便宜，但加湿不均匀，容易造成局部凝露和“白粉”污染。

蒸发式加湿器（见图 1-2）的工作原理是在风机的作用下使自然蒸发的水分扩散到空气中，包括通过离心力将水甩成微粒并吹散在空气中。加湿芯从水箱中吸水使得表面湿润，通过加湿芯增加水与空气的接触面积，利用风扇加速水与空气的热湿交换，水吸热后汽化蒸发，从而对空气进行加湿。蒸发式加湿器在日常生活中也比较常见，其工作特点是加湿效率高、加湿均匀、无白粉污染。

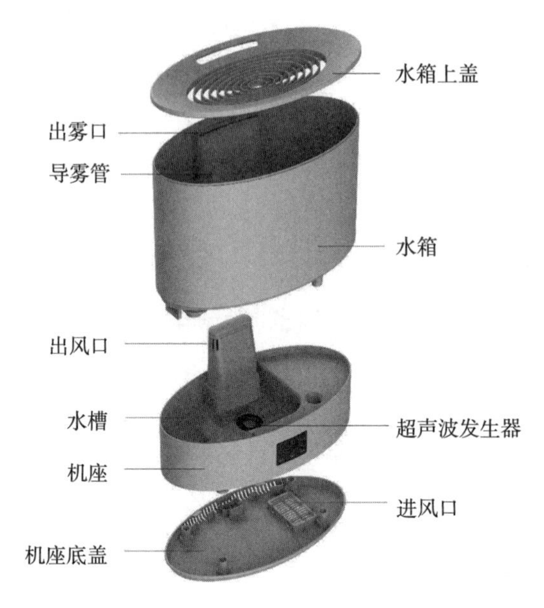

图 1-1 超声波式加湿器

图 1-2 蒸发式加湿器

电热式加湿器的工作原理是通过电加热的方式使水汽化，产生蒸汽扩散到空气中，其工作原理简单。单一功能的电加热式加湿器在家用环境中

比较少见，其工作特点是能耗较大，容易产生烫伤危险。

复合式加湿器的工作原理是使用超声波式、蒸发式、电热式中任意两种或两种以上的方式对空气增加湿度。

四、行业主要品牌

目前，加湿器生产企业主要分布在广东、浙江等地。其中，广东的中山市和佛山市是我国加湿器的主要生产基地，占据全国企业总数的一半以上。国内加湿器主要品牌见表 1-1，国外加湿器主要品牌见表 1-2。

表 1-1　国内加湿器主要品牌

序号	品牌名称	产地	主要产品类型
1	亚都	北京	超声波式、蒸发式、复合式
2	美的	广东	超声波式、蒸发式、复合式
3	飞科	上海	超声波式、蒸发式、复合式
4	小熊	广东	超声波式、复合式
5	格力	广东	超声波式、复合式
6	德尔玛	广东	超声波式、复合式
7	小米	北京	超声波式、蒸发式、复合式
8	352	北京	蒸发式、复合式

表 1-2　国外加湿器主要品牌

序号	品牌名称	国别	主要产品类型
1	飞利浦	荷兰	蒸发式、复合式
2	戴森	英国	超声波式、复合式
3	松下	日本	蒸发式、复合式
4	博瑞客	瑞士	声波式、蒸发式、复合式
5	西屋	美国	声波式、蒸发式、复合式

第二节　技术发展趋势

随着消费方式的迭代与产品的不断升级，消费者对加湿器的需求也在发生变化，从原来的能用，到现在的好用。随着市场需求的变化，加湿器产品正在由以加湿功能为主，向健康功能、智能化方向发展。加湿器新品的开发将以健康功能、智能化为主要技术创新方向，不断地满足市场需求和提升用户的满意程度。

一、健康功能

随着人民生活水平的不断提高，消费者的健康意识越来越强，加湿器产品内部长期与水接触，容易滋生细菌、病毒等微生物，这些微生物通过加湿后的空气扩散到周围环境中，可能导致使用者出现呼吸道疾病。因此，加湿器生产企业研发的具有抗菌、防霉、除菌等健康功能的加湿器越来越受到消费者的青睐。

二、智能化

随着科技的不断发展，全屋智能已经进入了大众的视野，加湿器作为家居环境中改善室内环境湿度必不可少的家用电器，提升加湿器的智能化程度已经是大势所趋。目前，加湿器的智能化主要体现在使用通信手段实现远程操控、通过监测环境湿度完成对室内环境湿度的实时调节、利用科学技术的发展更好地为加湿器的安全使用提供保护措施，如防干烧、缺水保护等。

第三节　现行标准

一、安全标准

我国加湿器电气安全执行的是 GB 4706.48—2009《家用和类似用途电器的

安全　加湿器的特殊要求》，该标准等同采用了 IEC 60335-2-98：2005（Ed2.1）*Household and similar electrical appliances—Safety—Particular requirements for humidifiers*。

目前，现行的最新国际标准为 IEC 60335-2-98：2008（Ed2.2）*Household and similar electrical appliances—Safety—Particular requirements for humidifiers*。

二、性能标准

在性能方面，我国加湿器执行 GB/T 23332—2018《加湿器》，该标准于 2018 年 12 月 28 日发布，2019 年 7 月 1 日正式实施。

美国的加湿器标准为 AHAM HU-1-2016 *Portable Household Humidifiers*。该标准规定了加湿量的定义、测试和评价方法。与 GB/T 23332—2018 相比，缺少了加湿效率、耐久性、噪声、抗菌、防霉等项目的评价方法。

三、国内外相关标准汇总

有关加湿器产品的国内外标准情况见表 1-3。

表 1-3　加湿器产品国内外标准情况

序号	标准号和名称	采标情况	主要内容
1	GB 4706.1—2005《家用和类似用途电器的安全　第 1 部分：通用要求》	等同采用：IEC 60335-1：2004（Ed4.1）	该标准为强制性标准，主要从加湿器的电气、机械、热、火灾以及辐射等方面提出要求，从而对使用者提供安全的保护
2	GB 4706.48—2009《家用和类似用途电器的安全　加湿器的特殊要求》	等同采用：IEC 60335-2-98：2005（Ed2.1）	
3	GB/T 23332—2018《加湿器》	无	该标准为产品性能标准，主要从外观、加湿量、加湿效率、噪声、软水器及水位保护功能、耐久性、整机渗漏、抗菌和防霉等方面对器具提出了要求

续表

序号	标准号和名称	采标情况	主要内容
4	AHAM HU-1-2016 *Portable Household Humidifiers*	无	该标准规定了便携式加湿器的定义、测试和评价方法，以及安全建议
5	JEM 1426—1991	无	该标准规定了适用于一般家庭及办公室等房间使用的由单相交流电源供电、额定加湿能力小于 1.5 L/h 的加湿器的技术要求和测试方法

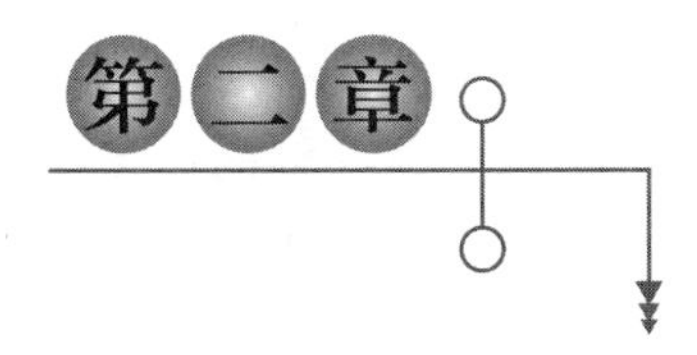

质量评价

第一节 安全性评价

加湿器由外壳、水箱、供电系统、控制系统、加湿系统等模块组成（如图 2-1 所示）。由于加湿器产品在正常工作时，主要部件长期与水接触，且又是长时间连续工作的产品，故对产品的安全要求较高，所以，对生产企业的研发能力、制造工艺和检验能力要求均较高。

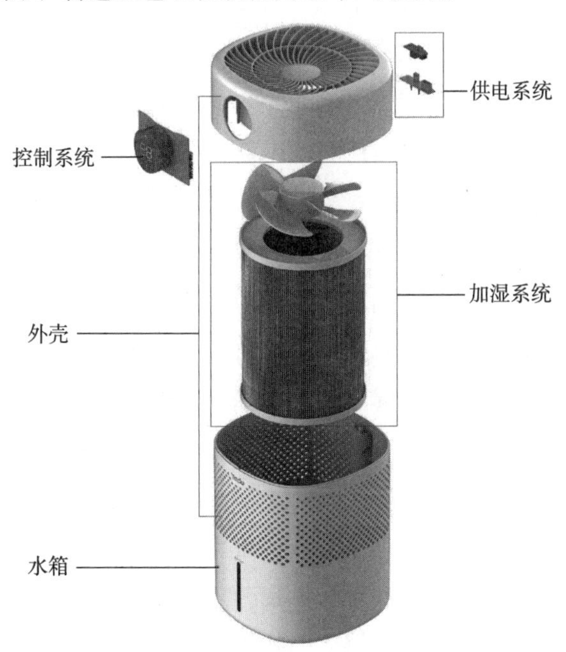

图 2-1 加湿器内部结构实物图

GB 4706.1—2005《家用和类似用途电器的安全　第1部分：通用要求》和GB 4706.48—2009《家用和类似用途电器的安全　加湿器的特殊要求》对加湿器的安全性提出了具体的技术要求。符合上述标准要求的加湿器产品，意味着在制造商规定的使用说明条件下，按正常使用时或使用中可能出现的非正常情况，器具的电气、机械、热、火灾以及辐射等危险防护能够达到一个国际可接受的水平。产品的安全性符合上述标准要求是对加湿器产品质量的最低要求，是产品使用功能的基础，是产品制造销售商的门槛，是对使用者人身安全的保障。

一、防触电

对触及带电部件的防护，通俗地讲即防触电。防触电保护是防止人体因触及电器产品的带电部件导致触电伤亡而采取的保护措施。在进行产品设计时，防触电保护按照直接保护和间接保护两种方式进行设计。直接保护主要是通过电器产品的外壳隔离实现防止触及带电部件，从而达到防触电的目的；间接保护主要是通过电器产品采用特低电压供电和双层绝缘或加强绝缘来达到间接防触电目的，也可采用自动保护装置，一旦发生故障，能在短时间内自动切断电源，使电器产品不会发生带电伤人。

家用电器的绝缘分为基本绝缘、附加绝缘、双重绝缘、加强绝缘四大类。基本绝缘是施加于带电部件对电击提供基本防护的绝缘，是用于防止触及带电部件的初级防护。附加绝缘是万一基本绝缘失效，为了对电击提供防护而施加的除基本绝缘以外的独立绝缘，也就是说，附加绝缘是为防止触及带电部件，在基本绝缘外另加一层独立的绝缘防护。由基本绝缘和附加绝缘构成的绝缘称为双重绝缘。换言之，双重绝缘是由基本绝缘和附加绝缘组成的防触电保护措施。加强绝缘是等效于双重绝缘的防电击等级而施加于带电部件上的单一绝缘。加强绝缘可以是一种绝缘材料，也可以由几层或几种紧密连接的单质绝缘体组成。

在电击防护方面，家用电器分为0类、0Ⅰ类、Ⅰ类、Ⅱ类、Ⅲ类五种类型的防触电保护等级。

0类器具是其电击防护仅依赖于基本绝缘的器具。0类器具没有附加的绝缘防护，也没有接地防护，万一绝缘失效，其电击防护只能依赖于环境。

0Ⅰ类器具是至少整体具有基本绝缘并带有一个接地端子的器具，但其电源软线不带接地导线，插头也无接地插脚。器具与大地连接是由器具外壳上的接地端子通过外接接地导线完成的，该措施设置的目的是在器具基本绝缘失效以后，使用者不受到电击的危险。

Ⅰ类器具是其电击防护不仅依靠基本绝缘而且包括一个附加安全防护措施的器具，其防护措施是将易触及导电部件连接到设施固定布线中的接地保护导体上，以使万一基本绝缘失效，易触及的导电部件不会带电。

Ⅱ类器具是指其电击防护不仅依靠基本绝缘，而且提供如双重绝缘或加强绝缘那样的附加安全防护措施的器具，该类器具没有保护接地或依赖安装条件的安全防护措施。

Ⅲ类器具是依靠安全特低电压的电源来提供对电击的防护，且其产生的电压不高于安全特低电压的器具。安全特低电压是指导线之间以及导线与地之间不超过42V的电压，空载电压不超过50V，该电压与高于该电压的导线是通过隔离变压器或完全分离的转化器获得的，变压器或转换器高低压之间符合双重绝缘或加强绝缘的要求。

加湿器产品与其他家用产品不同，在正常使用过程中，可能会触及水箱中的自来水等液体。如果产品设计不合理，极易出现漏电现象。此时如果触碰到了液体等，则会引发安全事故。GB 4706.1—2005《家用和类似用途电器的安全　第1部分：通用要求》和GB 4706.48—2009《家用和类似用途电器的安全　加湿器的特殊要求》对加湿器触及带电部件的防护、工作温度下的泄漏电流和电气强度、耐潮湿、非正常工作、结构、接地措施、电气间隙、爬电距离和固体绝缘等防触电保护的几方面提出了要求，保证了器具的用电安全。

加湿器对触及带电部件的防护要求是：器具的结构和外壳应使其对意外触及带电部件有足够的保护。本部分设置的目的是防止使用者在使用和维护器具时，由于触及带电部件或基本绝缘失效导致触电事故的发生。

加湿器在使用过程中，水箱中的水可能会被触及。器具工作温度下的泄漏电流和电气强度就是从该方面提出了要求，保证了使用者的安全。加湿器工作温度下的泄漏电流和电气强度设置要求是：在工作温度下，器具的泄漏电流不应过大，而且电气强度应满足要求。器具的泄漏电流是指器具在没有故障并施加电压的情况下，器具中相互绝缘的金属零件之间，或带电零件与接地零件之间，通过周围介质或绝缘表面所形成的电流。泄漏电流越小，说明器具越安全。国内加湿器的使用电压普遍为220 V，电气强度满足器具的基本绝缘应能够经受频率为50 Hz、电压为1000 V、历时1 min不被击穿；附加绝缘应能够经受频率为50 Hz、电压为1750 V、历时1 min不被击穿；加强绝缘应能够经受频率为50 Hz、电压为3000 V、历时1 min不被击穿。

目前，部分加湿器产品采用上加水的方式进行使用水补充；或者在水箱取下时，使用者避免不了与水直接接触。因此，加湿器在注水和清洁这两种情况下，必须断电操作，产品使用说明中必须要有此类警告提示。另外，在某些加湿器产品安装时，可能涉及供水管线的问题。此时应提醒安装人员和消费者该器具允许的最大水压，避免出现水压过高导致管线断裂引起漏电等危险。

由于电极式加湿器加湿方式比较特殊，这里需要介绍一下。电极式加湿器是将金属电极插入盛水的容器中，水被加热沸腾后产生的蒸汽排到空间内进行空气加湿的器具。水蒸气产生量（加湿量）的大小取决于容器水位高低，水位愈高，电极与水的接触面积愈大，加湿量愈大，反之加湿量愈小。此类器具在测试工作温度下的泄漏电流时，应格外注意：对电极式加湿器测量放置在蒸汽出口10 cm处的金属网与易触及部件（包括金属箔）之间的泄漏电流不应超过0. 25 mA。

加湿器长期处在较潮湿的环境中，且正常工作时，器具充水。因此，GB 4706. 48—2009《家用和类似用途电器的安全　加湿器的特殊要求》

中，对器具耐潮湿做了附加要求：如有怀疑，溢水试验在器具偏离正常使用位置的角度不应超过5°的条件下进行。打算直接与水源连接的器具，运行至达到最高水位，进水阀保持打开状态，并在第一次有溢水迹象后再继续注水15 min，或者直接由其他装置自动停止注水为止。之后，再进行后续泄漏电流和电气强度的测试。试验后，器具的泄漏电流不应过大，电气强度应符合要求。本部分考核了加湿器在使用过程中，应具有足够的绝缘能力，以对使用者的人身安全提供充分防护。

标准中对加湿器非正常工作要求如下：器具的结构，应消除非正常工作或误操作导致的电击防护的机械性损坏。电子电路的设计和应用，应使其任何一个故障情况都不对人体产生电击危险。器具以额定电压供电，并在正常工作状态下运行，施加能够预料的任何故障状态，每次试验只模拟一种故障。对电极式加湿器测试时，还应将水箱注入（20±5)℃的氯化钠(NaCl）饱和溶液，器具以额定电压供电。

加湿器通常为便携式器具，在家庭或办公场所使用较多。由于经常使用，GB 4706.48—2009《家用和类似用途电器的安全　加湿器的特殊要求》规定，在加湿器以额定电压供电，然后将其任何一个开关置于“断开”位置，器具在电压峰值时从电源断开。在断开后的1 s时，用一个不会对测量值产生明显影响的仪器，测量插头各插脚间的电压。此时电压不应超过34 V。消费者在插拔电源插头时，极易触碰到电源插头，如果此项目不符合标准要求，容易引发触电危险。

从目前的国内市场来看，大部分加湿器是Ⅱ类器具，小部分是由适配器或USB插口供电的Ⅲ类器具，极小部分是Ⅰ类器具。Ⅰ类器具是指其电击防护不仅依靠基本绝缘，而且包括一个附加安全防护措施的器具，其防护措施是将易触及的导电部件连接到建筑物固定布线中的接地保护导体上，起到万一基本绝缘失效，易触及的导电部件也不会带电。Ⅰ类加湿器主要是给别墅等大型场所加湿使用的，普通家庭或办公场所使用的还是以Ⅱ类、Ⅲ类加湿器为主。

接地措施是加湿器对人体防触电安全的重要保护系统，GB 4706.48—

2009《家用和类似用途电器的安全　加湿器的特殊要求》对器具接地措施的要求是应永久可靠地连接到器具内一个接地端子上，接地电阻不得大于0.1 Ω，这为加湿器的安全使用提供了保障。

电气间隙、爬电距离和固体绝缘是对器具绝缘性的考核项目。绝缘按材料性质可分为气体绝缘、液体绝缘和固体绝缘。爬电距离是两个导电部件之间沿着绝缘材料表面允许的最短距离。爬电距离设计太小，在有灰尘或潮湿状态下，沿着绝缘材料表面会形成导电通路，使绝缘失效。固体绝缘是电气设备中在不同导电部件之间作为绝缘的固体材料，其绝缘性能通常好于空气，但其绝缘性能仍需满足电气设备的总体安全要求。与气体绝缘不同，固体绝缘击穿后不能恢复，而且正常使用中的许多不利因素（如长期潮湿环境下）会加速其老化。标准中规定了加湿器应使电气间隙、爬电距离和固体绝缘足够承受器具可能经受的电气应力。

加湿器属于涉水产品，对其防触电的要求更严苛。生产企业等如果对该项目轻视，极易引发短路、击穿等危险，是对消费者不负责的表现。

二、机械危险

加湿器在正常使用中不应对使用者和周围环境造成机械危险，即加湿器的危险运动部件应被合理放置和充分保护，防止伤害使用者和给周围环境造成危险。GB 4706.48—2009《家用和类似用途电器的安全　加湿器的特殊要求》中要求器具的防护性外壳、防护罩和类似部件，应是不可拆卸部件，并且应有足够的机械强度。通常，加湿器产品结构相对封闭，高能量的运动部件不多。

GB 4706.48—2009《家用和类似用途电器的安全　加湿器的特殊要求》中规定，除非是为了器具具有某种功能而设置必不可少的粗糙或锐利的棱边，在器具上不应有对使用者正常使用、维护保养和维修造成伤害的锐利棱边。同时，器具在正常使用或用户维护保养期间，不应让使用者易触及自攻螺钉或其他紧固件暴露在外的尖端。总之，加湿器不应具有锐利棱边和暴露在外的尖端，避免对使用者造成划伤。

三、防烫伤

烫伤是指由无火焰的高温液体、高温固体或高温蒸汽等所致的组织损伤。研究表明，人体的灼伤阈值见表 2-1。

表 2-1　人体长时间接触情况下的灼伤阈值

材料	接触时间下的灼伤阈值 T/℃		
	1 min	10 min	8 h 或更长时间
裸金属材料	51	48	43
涂层保护的金属材料	51	48	43
陶瓷、玻璃和石质材料	56	48	43
塑料材料	60	48	43
木质材料	60	48	43

一般对于超声波式或蒸发式加湿器，很少具有加热模块，使用者不必过多担心烫伤危险。但是对于电极式加湿器，应格外注意。如果水蒸气的温度过高，应避免水蒸气烫伤。在产品使用说明书中也会有明确提示，使用者应遵循产品使用说明书操作使用产品。

四、防火灾

家庭火灾的预防一直是人们日常生活中的重中之重，近些年多发的家庭火灾给了我们一次又一次的沉痛教训。电器火灾又是引发家庭火灾的重要原因之一。加湿器产品在改善室内环境、提高生活品质的同时，也对器具提出了更高的防火要求。由于加湿器需要时刻与液体接触，或时刻处于长期加热工作状态，存在一定的火灾隐患。

GB 4706. 1 和 GB 4706. 48 从输入功率和电流、发热、非正常工作、元件、耐热和耐燃等方面对加湿器提出了相关要求，为器具的安全使用提供了保障。

加湿器的输入功率和电流是对器具电能消耗的一种考核指标，设置目的是避免使用者按照额定值选择的供电电源与器具实际输入功率偏差过大，产生过载现象，引发火灾危险。标准中对加湿器的输入功率应符合表 2-2的要求。

表 2-2　输入功率偏差

器具类型	额定输入电流/A	偏差
所有器具	≤0.2	+20%
电热和组合型器具	>0.2 且≤1.0	±10%
	>1.0	+5%或 0.1 A（选较大的值）-10%
电动器具	>0.2 且≤1.5	+20%
	>1.5	+15%或 0.30 A（选较大的值）

元件质量与加湿器的防火性能有着直接关系，这是在器具设计时就应考虑的重要内容。元件品质的保障是产品安全使用的前提，在选择加湿器的元件时，需要注意的是，某些元件符合该产品有关国家标准或 IEC 标准要求，但不一定满足器具的特殊要求。因此，应随整机一起对额定电压、工作负载、安装使用方式和产品的独有特性等几个方面综合考虑。选择加湿器中的元件需在合理应用的条件下，符合相关的国家标准或 IEC 标准的要求，严禁使用不符合标准要求的元件。

加湿器大部分部件都是由非金属材料制成的。温度对非金属材料的各项性能影响较大，有些非金属材料在高温状态下或温度急骤变化时会熔融或逐渐变软，严重时可能出现短路现象，引起火灾事故。在加湿器内部容易使火焰蔓延的绝缘材料或其他固体可燃材料的零件会由于灼热电线或灼热元件而起燃。例如，元件过载或导线接触不良，使得一些元件会达到起燃温度而引燃其附近的零件。

GB 4706.48—2009《家用和类似用途电器的安全　加湿器的特殊要求》规定，对于加湿器中非金属材料制成的外部零件、用来支撑带电部件（包括连接）的绝缘材料零件以及提供附加绝缘或加强绝缘材料零件应充分耐热，避免其恶化导致器具不符合标准要求。加湿器非金属材料零件，

对点燃和火焰蔓延应具有抵抗能力，减小火灾危险发生的可能性。上述要求不适用于装饰物、旋钮以及不可能被点燃或不可能传播由器具内部产生火焰的其他零件。

五、辐射、毒性和类似危险

GB 4706.48—2009《家用和类似用途电器的安全 加湿器的特殊要求》规定，加湿器不应释放有害射线、出现毒性或发生类似的危险。加湿器由于长期储水，造成水箱易受到微生物污染，有可能会对人体产生伤害。由于这个原因，很多厂家设计了除菌功能，除菌功能技术主要通过紫外照射（紫外线灯）来实现。部分厂家还会在加湿器中加入负离子发生装置，起到净化空气的作用。

紫外线灯利用汞灯发出的紫外线来实现杀菌消毒功能，它放射的紫外线能量较大，如果没有防护措施，极易对人体造成巨大伤害。如果裸露的肌肤被这类紫外线灯照射，轻者会出现红肿、疼痒、脱屑，重者甚至会引发癌变、皮肤肿瘤等。同时，它也是眼睛的“隐形杀手”，会引起结膜、角膜发炎，长期照射可能会导致白内障。因此，加湿器中的紫外射线，无论如何不能在正常使用状态下可见。

负离子发生器是通过高压电离空气释放负离子，负离子与灰尘中的细菌中和，依靠其抑菌性能，有效地杀灭空气中的细菌。但是高压释放负离子的过程也有可能产生一定量的臭氧，臭氧本身是一种无毒的安全气体，其“毒性”主要指强氧化能力，如果人体暴露在高浓度的臭氧环境中，可能出现皮肤、眼睛刺痛，呼吸不畅，咳嗽和头痛等症状；暴露时间较长，还会导致短暂性肺功能异常，引起肺部组织损伤；有过敏体质的人还可能导致慢性肺病，甚至产生肺纤维化等永久伤害。

无论是紫外照射还是负离子发生装置，生产企业均应依照标准进行设计制造，不应释放有害射线、出现毒性或发生类似的危险，保证使用者的人身安全。

第二节　性能评价

加湿器性能指标应符合 GB/T 23332—2018《加湿器》中的要求。该标准针对加湿器的加湿量、加湿效率、噪声、软化水能力和耐久性几个指标提出了明确的限值要求，有效评价了加湿器的产品性能，体现了不同生产企业、不同品牌、不同型号、不同结构、不同加湿方式的性能差异，是衡量加湿器产品质量的重要评价依据，也是消费者选购加湿器的重要参考依据。

一、加湿量

1. 概述

加湿量是加湿器最重要的参数，指加湿器在最大加湿状态下 1 h 雾化（汽化）水的能力，单位为 mL/h。加湿量直接反映了加湿器的加湿能力。

2. 标准解读

【标准条款】

> **5.5　加湿量**
>
> 实测加湿量应不低于额定加湿量的 90%。

【理解要点】

（1）加湿量是加湿器加湿能力的体现，是加湿器最重要的使用功能指标，是消费者购买这个产品的首要考虑因素，加湿器加湿量的大小直接关系到消费者的使用效果。

（2）加湿量同时反映了生产企业对加湿器风道结构、蒸发式加湿器滤网、超声波加湿器雾化能力等工艺的设计水平，是生产企业生产工艺、技术能力的综合体现。

（3）本条款规定了加湿器的加湿量实测值不应低于额定值的 90%，主要为了防止个别企业不符合实际地虚标加湿量来欺骗消费者，保护了消费者的权益。

二、加湿效率

1. 概述

加湿效率是指加湿器实际加湿量和输入功率的比值，反映了加湿器单位功耗能够产生多少加湿量，是衡量加湿器性能优劣的一个重要指标。

2. 标准解读

【标准条款】

5.6 加湿效率

加湿器加湿效率应不低于 D 级。

加湿效率由高到低分为 A、B、C、D 四个等级，具体指标见表 1。

表 1 加湿效率分级一览表

加湿效率等级	加湿效率 η/[mL/(h·W)]			
	超声波式	蒸发式及复合式	电热式	功能组合一体机
A	$\eta \geqslant 13.5$	$\eta \geqslant 14.5$	$\eta \geqslant 1.9$	$\eta \geqslant 17.0$
B	$11.5 \leqslant \eta < 13.5$	$12.5 \leqslant \eta < 14.5$	$1.5 \leqslant \eta < 1.9$	$13.0 \leqslant \eta < 17.0$
C	$9.5 \leqslant \eta < 11.5$	$10.5 \leqslant \eta < 12.5$	$1.1 \leqslant \eta < 1.5$	$9.0 \leqslant \eta < 13.0$
D	$7.0 \leqslant \eta < 9.5$	$8.0 \leqslant \eta < 10.5$	$0.7 \leqslant \eta < 1.1$	$6.0 \leqslant \eta < 9.0$
注：带有加热功能的器具，按电热式划分。				

【理解要点】

（1）加湿效率是加湿器使用过程消耗电能的考核指标，加湿效率越高，产品就越节能。

（2）加湿效率是通过加湿量和加湿器的输入功率进行考核的，加湿效率的等级不应低于 D 级，不允许企业在牺牲产品的加湿性能的前提下盲目地追求低能耗，也不应该在不考虑节能的情况下一味地加大样机的输入功率而提高加湿量。

（3）本条款规定了不同加湿原理加湿器的加湿效率，根据器具加湿原理的差异规定了不同加湿效率的分级限值，并将加湿效率按由低到高的顺序分为 A、B、C、D 四个等级，方便消费者选购。

三、噪声

1. 概述

加湿器噪声是衡量加湿器的健康指标。考虑到加湿器可能在卧室中使用，如果噪声过大将会对消费者产生一定的影响，所以本标准对噪声指标进行了严格的限制。

2. 标准解读

【标准条款】

5.7　噪声

加湿器的 A 计权声功率级噪声应符合表 2 要求，实测值与明示值的允差不应超过+3 dB，且最高不应超过限定值。

表 2　A 计权声功率级噪声一览表

产品类型	实测加湿量 Q/(mL/h)	噪声限值/dB（A）
超声波式	$Q \leqslant 350$	≤38
	$Q>350$	≤42
蒸发式	$Q \leqslant 180$	≤45
	$180<Q \leqslant 500$	≤50
	$500<Q \leqslant 1000$	≤55
	$Q>1000$	≤60
电热式	$Q \leqslant 300$	≤50
	$300<Q \leqslant 500$	≤55
	$Q>500$	≤60
其他类型	$Q \leqslant 350$	≤40
	$Q>350$	≤45

注：功能组合一体机或复合式器具，按功能测量，结果取较大者，按照对应的较大限值的标准限值考核噪声功能，室外机噪声除外。

【理解要点】

（1）噪声是对加湿器运行过程中产生声音的评价指标，同时也是消费者选购时比较关注的指标之一。加湿器运行噪声越小，消费者越愿意接受。噪声反映了加湿器的设计水平和制造水平。影响噪声的主要因素有：电机的转速、风道的设计等。

（2）本条款规定加湿器的噪声应符合表 2 的规定，根据器具加湿原理的差异规定了不同噪声的限值。不允许企业在不考虑产品噪声的前提下盲目提高加湿量。

四、软水器及水位保护功能

1. 概述

很多加湿器可直接使用自来水，水质过硬对超声波式加湿器和蒸发式加湿器的使用寿命及性能都会有很大影响，所以有些加湿器带有软化水功能，这方便了消费者使用。

2. 标准解读

【标准条款】

5.8　软水器及水位保护功能

5.8.1　软水器软化水硬度应不大于 0.7 mmol/L（Ca^{2+}/Mg^{2+}）。

5.8.2　软水器软化水硬度大于初始值的 50% 时的累计软化水量应不少于 100 L。

5.8.3　软化后的水的 pH 值应在 6.5~8.5 范围内。

5.8.4　器具应具有水位保护功能，并带有缺水提示功能。

【理解要点】

（1）本条款规定器具应具有水位保护功能，并带有缺水提示功能，缺水提示功能需要以声光电的形式，让用户可以感知到。其目的是避免加湿器水箱因缺水而造成机器空转或停转现象的产生，以免对器具的加湿效果、使用寿命等方面造成影响。

（2）本条款规定如果加湿器具有软化水的能力，应对其软化后的水硬度及 pH 值进行考核，防止个别企业虚假宣传，保护消费者的权益。

五、耐久性

1. 概述

加湿器的使用寿命是消费者在购买时会关注的重要指标之一。加湿器在使用过程中由于使用环境、使用频率、使用方法等因素会影响到加湿器的寿命，同时加湿器的设计工艺、使用材料等也会减短加湿器的使用寿命。加湿器耐久性是生产企业质量控制水平的体现。

2. 标准解读

【标准条款】

5.9　耐久性

耐久性不应低于表 8 中的 D 级。

耐久性由高到低分为 A、B、C、D 四个等级，具体指标见表 3。

表 3　耐久性分级一览表

耐久性等级	限值/h		
	电热式	超声波式	其他类型
A	≥3500	≥5000	≥5000
B	≥3000	≥4500	≥4400
C	≥2500	≥4000	≥3800
D	≥1500	≥3500	≥3200

注 1：复合式按对应类型高要求限值。
注 2：功能组合一体机按加湿方式分级。

【理解要点】

（1）耐久性是在实验室环境下，通过规定的程序对加湿器长时间使

用，耐久性越长，加湿器的使用寿命越久。

（2）耐久性的等级不应低于D级，不允许企业使用不合格的材料或简单的工艺设计影响加湿器的使用寿命。

（3）本条款规定了不同加湿原理的加湿器的耐久性，根据器具加湿原理的差异规定了不同耐久性的分级限值，并对耐久性由低到高分为A、B、C、D四个等级，方便消费者选购。

第三节　健康安全

随着近年来国内经济的快速发展，国民的生活水平不断提高，人民的消费理念也发生了变化，消费者对产品的要求已经从“能用”向“好用”不断转变，健康的理念成为消费者关注的重点。

由于加湿器的水箱中长时间放置水，在冬季室内温暖的环境中，再加上高湿的条件，成了霉菌繁殖的温床，因此加湿器使用不当会将细菌带入空气，对人体产生伤害。针对上述情况，企业生产开发了具有抗菌、除菌、防霉功能的加湿器，虽然价格相对一般产品较高，但还是受到消费者的欢迎。

抗菌、除菌、防霉的功能对消费者来说是十分重要的。这些指标不像加湿量等项目能让消费者有直观感受，只能通过试验才能检验其性能的好坏。GB/T 23332—2018《加湿器》改变了上述功能无标准可依的现状，从标准的角度为市场监管提供了技术支撑，将有效改变目前市场上有些不良企业虚假宣传、以次充好、欺骗消费者的情况，从而促进行业健康发展。下面就详细介绍抗菌、除菌、防霉特性在加湿器产品中的应用。

一、抗菌

由于加湿器的水箱、水槽、蒸发芯等部件长时间和水接触，加湿器用水的选择也会在一定程度上影响细菌的生长和繁殖。一般来说，加湿器推荐使用常温的自来水、矿物质水、纯净水。虽然自来水中含有一定量的余氯，余氯有一定的杀菌效果，但是自来水和矿物质水中的金属离子在长时间使用的情况下，可能会导致加湿器内某些部件出现金属盐的结晶，从而影响加湿器的使用效果；王景梅[4]等对比了灭菌用注射用水、成品纯净水和现制纯净水在同样使用条件下细菌的滋生情况，发现灭菌用注射用水所滋生的细菌最少，但是一般家庭是不可能使用无菌水的，因此抗菌部件的合理使用，能在很大程度上抑制细菌的增长，一般在水箱箱体、加湿滤网的材料中添加抗菌剂，会得到较好的抗菌效果。抗菌剂主要可以分为以下几类：天然抗菌剂、无机抗菌剂及有机抗菌剂，其主要区别见表 2-3。

表 2-3　不同抗菌剂的种类和原理

	天然抗菌剂	无机抗菌剂	有机抗菌剂
原理	其特定的活性基团与微生物中的位点结合，破坏细胞结构，导致微生物无法繁殖	金属离子接触微生物，破坏微生物蛋白质结构，导致微生物产生功能障碍或死亡；光催化抗菌剂能激活吸附在材料表面的空气或水中的氧气，产生羟自由基（·OH）和活性氧中心（O^{2-}），其具有很强的氧化还原能力，能够破坏细菌细胞的增殖能力，抑制或杀灭细菌	有机抗菌剂与细菌、霉菌的细胞膜表面阴离子相结合，或与巯基反应，破坏蛋白质和细胞膜的合成系统
代表种类	壳聚糖、鱼精蛋白、桂皮油、罗汉柏油、大蒜素等	金属型无机抗菌剂和光催化型无机抗菌剂	有机酸、酯、醇、酚等物质

在实际生产中，通常是将不同种类的抗菌剂联合使用，结合多种抗菌剂的抗菌原理及协同作用来优势互补，提高抗菌剂的综合性能。在家电领域，抗菌技术在洗衣机、空调产品（包括空气净化器）、冰箱的使用率最高[6]。在其他领域，如加湿器、电坐便器、洗碗机、净水器等使用水路的

产品中，应用也在增加。李泽国[7]等详细分析了抗菌技术在家电领域应用中抗菌塑料材料的研究现状，这为广大电器制造厂商提供了很好的思路。

二、除菌

近年来，在冬天频发的“加湿器肺炎”逐渐引起大众的关注，这是一类由于不正确使用加湿器导致的疾病，通常包括上呼吸道感染、支气管炎、哮喘、肺炎等。姚楚水[1]等研究显示，超声波加湿器在连续使用 4 天后，其水箱中自然菌的数量可观，且加湿器在雾化的过程中，还会将细菌带到空气中，引发室内空气的二次污染。李博[2]等调查了一起由加湿器传播的病原微生物（主要为铜绿假单胞菌、皮氏罗尔斯顿菌等混杂细菌）引发的室内空气污染事件，调查结果显示，连续使用的加湿器能够形成某些有利于微生物滋生的环境，且超声波式能将不断聚集的菌团分散，加速细菌的产生，因此，加湿器的除菌功能就变得十分重要。

加湿器的原理不同，其微生物的滋生情况也不尽相同，姚艳春[3]等对比了蒸发式加湿器、净化加湿器和超声波式加湿器等三种类型的加湿器，在消耗等量水的情况下，从密闭试验舱内细菌浓度的变化可以发现，超声波式加湿器更容易将水中的细菌释放到空气中，而蒸发式加湿器和净化加湿器尽管水箱中的细菌浓度有明显上升，但并没有扩散到空气中，可能是留在机身内或被净化加湿器的净化滤网所拦截。因此，在本次修订的标准中，增加了加湿器除菌功能的评价方法。

目前，加湿器除菌主要是依靠紫外线杀菌、高温除菌、银离子杀菌、过滤等方式。选择合适的杀菌方法，除了能减少将水中的细菌带入空气的可能，还能在一定程度上直接杀灭空气中的微生物，为消费者提供更好的使用体验。

三、防霉

霉菌是真菌的一种，作为一种喜潮湿生长的微生物，在加湿器湿润的内部环境中，以灰尘中的碳源和氮源作为营养来源，十分容易繁殖，通常会附着在加湿器滤网上面，或成为絮状分布在加湿器的加湿水盘底部，其产生的孢子会从出风口带入空气，对呼吸系统造成不同程度的影响。目前针对材料的防霉处理多和抗菌材料相似，即在材料中添加一些防霉成分，这能在很大程度上抑制霉菌的滋生。

【标准条款】

5.11　抗菌和防霉

声明具有抗菌、防霉功能的材料，应符合表4要求。

表4　抗菌、防霉限值一览表

项目	限值
抗菌率	≥90%
防霉等级	1级

【理解要点】

（1）抗菌、防霉性能指的是材料或部件的性能，比如水箱、底座、蒸发芯等（见图2-2），不是针对整机性能。

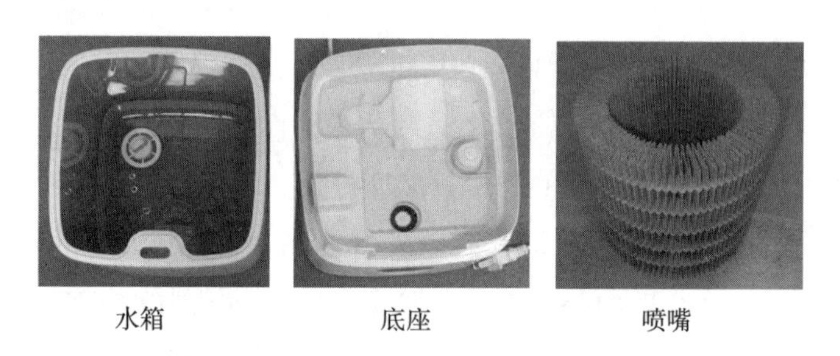

水箱　　底座　　喷嘴

图2-2　常见抗菌材料使用部件

（2）抗菌是采用化学、物理等方法抑制细菌生长繁殖的过程，评价指标为抗菌率，抗菌率指在抗菌试验中用百分率表示微生物数量减少的值。

（3）防霉是采用化学、物理等方法抑制霉菌生长繁殖的过程，评价指标为防霉等级，合格的防霉等级应为0级或1级，防霉等级分为如表2-4

所示的五级。

表 2-4　防霉等级

防霉等级	描述
0	显微镜（放大 50 倍）下观察未见生长（不长霉菌）
1	肉眼可见生长，但生长覆盖面积小于 10%（痕迹生长霉菌）
2	生长覆盖面积小于 30%，但不小于 10%（轻度生长霉菌）
3	生长覆盖面积小于 60%，但不小于 30%（中度生长霉菌）
4	生长覆盖面积大于 60% 至全面覆盖（严重生长霉菌）

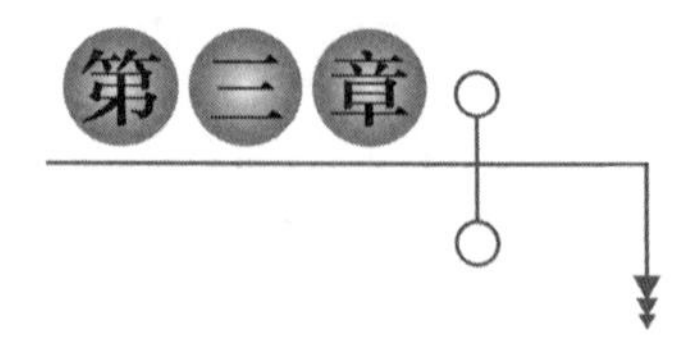

测试指南

测试过程的规范性和正确性直接影响测试结果的准确性，测试结果是客观评价产品性能的依据。本章主要从仪器仪表、标准用水、计量校准、测试方法四个方面对 GB/T 23332—2018《加湿器》中的测试进行解读，为检测人员正确理解标准并开展相关检测工作提供建议，以利于规范检测过程，保证测试结果的准确性和一致性。

第一节　仪器仪表

仪器仪表是检测加湿器指标的硬件基础，是测试结果准确性的保障。合理选择检测设备，可以保证测试结果的准确性和一致性。

用于型式检验的电工测量仪表，其相对不确定度应不高于 1.0%，出厂检验应不高于 2.0%。温度计不确定度应不高于 0.5 ℃；计时仪表相对不确定度应不高于 0.5%；称重设备以克（g）计，相对不确定度应不高于 1.0%；湿度计不确定度应不高于 2%；钢板尺相对不确定度应不高于 1.0%。

第二节　标准用水

按照产品使用说明要求配制标准用水；使用说明无要求的，按 GB/T 23119

规定的方法配制，水的总硬度为（1.50±0.20）mmol/L（Ca^{2+}/Mg^{2+}）。

一、自来水的软化

经过软化的自来水，其特定阻抗应达到或超过 100000 Ω · cm（其电导率不超过 10 μS/cm）。这种水质可以通过使用阴阳离子交换树脂柱或反向渗透装置获得。

若离子交换树脂是新的，则最初一、二次制备的水不应使用。

二、准备试剂

准备试剂如下：

（1）溶剂 1：$NaHCO_3$　67.2 g/L（800 mmol/L）；

（2）溶剂 2：$MgSO_4 \cdot 7H_2O$　38.0 g/L（154.2 mmol/L）；

（3）溶剂 3：$CaCl_2 \cdot 2H_2O$　65.6 g/L（446.1 mmol/L）。

三、标准硬水的制备

分别准确量取上述 3 种溶剂各 2.50 mL 加入到 0.7 L 的软化水中，加水至 1.0 L 以制备标准硬水。

第三节　计量校准

一、计量的目的意义及重要性

什么是测量？测量就是以确定量值为目的的一组操作。什么是计量？根据 JJF 1001—2011《通用计量术语及定义》中的相关定义，计量是指实现单位统一、量值准确可靠的活动。本质上，计量是一种特殊的测量活动。在计量学中，测量既是核心的概念，又是研究的对象。计量工作对测量起着指导、监督、保证作用，通过计量所获得的测量结果是生产企业及法定检测机构的重要信息来源。计量工作就是为准确测量提供可靠的保证，确保国家计量单位制度的统一和全国量值的准确可靠。计量涉及领域十分广泛，比如工农业生产、科学技术、法律法规、行政管理等行业。计量是发展国民经济的一项重要技术基础，是确保社会活动正常进行的重要条件，是保护国家和人民利益的重要手段。计量的最终目的就是为国民经济和科学技术的发展服务。

计量工作的基本特点包括以下四个：（一）准确性，指测量结果与被测量真值的接近程度，也是开展计量活动的基础；（二）一致性，计量的基本任务是保证单位的统一与量值的一致；（三）溯源性，任何一个测量结果，都能通过一条具有规定不确定度的连续比较链，与计量基准联系起来；（四）法制性，计量都是由政府纳入法制管理，确保计量单位的统一，避免不准确、不诚实测量带来的危害，以维护国家和消费者的权益，这些都是通过法制来实现的。

从事计量技术工作的人员，其主要工作可以分为三种，即检定、校准和检测。计量检定是指查明和确认计量器具是否符合法定要求的程序，它包括检查、加标记和（或）出具检定证书。检定是为评定计量器具计量性能是否符合法定要求，确定其是否合格所进行的全部工作。计量校准即在规定的条件下，为确定测量仪器或测量系统所指示的量值、实物量具或参考物质所代表的量值，与对应的由测量标准提供的量值之间关系的一种操作。校准对象是测量仪器或测量系统、实物量具或参考物质。计量检测即法定计量检定机构计量技术人员从事的检测活动，主要是指计量器具新产品和进口计量器具的型式评价、定量包装商品净含量及商品包装计量检验以及用能产品能源效率标识检测。计量检定、计量校准和计量检测工作的技术水平高低和工作质量好坏直接影响到经济领域、社会生活和科学研究中量值的统一和准确可靠。所以，计量技术人员必须严格基于计量标准或计量技术规范开展计量工作，确保计量工作原始数据的准确可靠。

随着社会科学技术的发展，高质量是国家科技进步的新要求，提升质

量是科技进步并促进经济发展的必经之路。计量活动涉及各行各业，同时也是质量管理、控制、检验的重要手段和技术保障，是提升质量的基础技术及方法。计量技术水平的发展程度直接关系着产品质量的高低，在一定意义上标志着国家科技和经济发展的水平，对科技进步和经济发展具有直接影响。

二、加湿器检测装置的计量

随着人民生活水平的提升，为改善室内空气舒适度，加湿器的使用需求越来越多。加湿器的安全、性能及能效是否符合消费者的需求，是生产企业和消费者关注的重点。因此，对加湿器的安全、性能及能效等指标进行检测的装置，广泛应用于家电行业的各大检测机构及生产企业。

加湿器检测装置是一种综合检测装置，其检测项目包括：（一）电气安全检测，如电气强度、绝缘电阻、泄漏电流、接地电阻等；（二）性能检测，如加湿量、加湿效率、水箱水温、软水能力、噪声、除菌能力等；（三）能效检测，如用电量、耗水量等。为实现上述各种技术参数的准确检测，需要使用诸多测量仪器仪表，比如电参数测量仪、温度测量仪、噪声测量装置、计时器、电子称重器等。这些测量仪器仪表的准确可靠性，直接关系到测试项目相关数据的准确可靠及是否具有较好的复现性和一致性，所以必须对仪器仪表进行计量校准，保证数据的准确性和有效溯源，促进加湿器产品的生产技术水平发展，提升产品质量。

加湿器检测装置涉及众多仪器仪表，其计量校准项目也相应较多，下面仅针对三项计量校准项目进行介绍：

（1）温度测量仪表的计量。温度测量仪表可以测量加湿器水箱水温，测量范围为0~100 ℃；最大允许误差为±0.5 ℃。温度测量仪的计量校准通常是参照JJG 874—2007《温度指示控制仪　检定规程》，或JJF 1171—2007《温度巡回检测仪校准规范》进行。计量过程中使用标准水银温度计和恒温槽为计量标准器，与被测温度传感器通过比较测量法进行计量校准。计量时将温度测量仪表的被测温度传感器和标准水银温度计分别插入恒温槽中，给恒温槽设定一个温度值，待恒温槽示值稳定后，分别读取标准水银温度计和被测温度传感器的示值，计算两者示值误差。

（2）电参数测量仪表的计量。电参数测量仪表用于测量加湿器的工作电压、电流、电功率等参数，可以反映出加湿器的能耗和用电量，其测量范围通常为0.1 W~6 kW；最大允许误差为±0.5%。JJF 1491—2014《数字式交流电参数测量仪校准规范》是电参数测量仪表的计量依据，使用多功能校准源作为计量标准器直接测量。计量时通过多功能校准源输出的交流功率标准信号，分别设置各计量电参数检测点，待示值稳定后，同时读取多功能校准源示值与电参数测量仪的显示值，计算两者差值。

（3）耐电压测量仪的计量。耐电压测量仪用作测量加湿器在异常高电压工作时的电气绝缘强度性能，即电气强度；其测量范围通常为工作电压0~5000 V，击穿电流0~200 mA；最大允许误差±5.0%。耐电压测量仪的计量依据是JJG 795—2016《耐电压测试仪检定规程》，精密高电压表与高精度数字电流表作为计量标准器，通过比较测量法分别测量耐电压测量仪的输出电压、击穿电流，得出各项参数的误差值。

三、测量不确定度的评定

测量不确定度是指根据所获信息，表征赋予被测量值分散性的非负参数。测量不确定度是一个与包含概率有关的区间，可以反映被测量结果的不确定程度和可信度。例如：测得结果为 $m=500$ g，$U=1$ g（$k=2$）时，表明被测质量在（500±1）g范围内，因 $k=2$，所以测得质量在该区间内的包含概率约为95%。此测量结果比500 g给出了更多的信息。测量不确定度是表征测量结果质量的定量指标，表明测量水平的高低，直接影响生产企业生产过程中的质量控制和产品质量保证。因此，需熟练掌握测量不确定度的评定方法。以下对测量不确定度评定进行简介，并介绍几例加湿器测试装置所用仪表计量结果的不确定度评定。

测量不确定度的评定方法一般包括A类评定方法（统计方法）和B类

评定方法（非统计方法）两种。A 类评定方法是根据一系列测得值的统计分布进行评定，用实验标准偏差表征。B 类评定方法则根据实际经验或其他信息假设的概率分布确定，用估计的标准偏差表征。

以标准偏差表示的测量不确定度为标准不确定度，用符号“u”表示。测量结果的不确定度有多个来源，对每个来源评定的标准偏差，称为标准不确定度分量，用 u_i 表示。

合成标准不确定度是指由在一个测量模型中各输入量的标准测量不确定度获得的输出量的标准测量不确定度。简单地说，合成标准不确定度是由各标准不确定度分量按照相应关系合成得到的标准不确定度，用符号 u_c 表示。合成标准不确定度是测得值标准偏差的估计值，表征了测量结果的分散性。

扩展不确定度是确定测量结果统计包含区间的量，由合成标准不确定度 u_c 乘包含因子 k 得到，用符号 U 表示，记为：$U=ku_c$。其中，对合成标准不确定度所乘的大于 1 的系数称为包含因子。扩展不确定度的测量结果可表示为：$Y=y\pm U$。式中，y 是被测量 Y 的最佳估计值，U 是被测量所在区间的半宽度，其意义为被测量 Y 的可能值以较高的置信概率落在（$y-U$，$y+U$）区间内，该区间称为包含区间。包含因子的取值决定了扩展不确定度在包含区间的包含概率，一般取 2 或 3；取 $k=2$ 时，则包含概率约为 95%，取 $k=3$ 时，则包含概率约为 99%。

扩展不确定度有时可以表示为相对形式，比如用 U/y 表示，称为相对扩展不确定度，符号为 U_{rel}。

测量不确定度的评定步骤如下：

（1）明确被测量，给出测量原理；

（2）找出影响不确定的来源，建立相应测量模型；

（3）确定各输入量估计值 x_i 及其标准不确定度分量 $u(x_i)$，计算灵敏系数 c_i，从而给出与各输入量相对应的输出量 y 的不确定度分量 $u_i(y_i)=|c_i|u(x_i)$；

（4）列出不确定度分量汇总表；

（5）计算合成标准不确定度 $u_c(y)$；

（6）确定被测量的估计值 y 可能取得的概率分布；

（7）确定扩展不确定度；

（8）给出测量不确定度报告。

下面分别介绍电参数测量仪功率计量结果及温度测试仪温度计量结果的不确定度评定。

1. 电参数测量仪功率校准结果不确定度的评定

（1）概述

电参数测量仪的计量，主要是采用多功能校准源作为计量标准器，通过直接测量法直接测量被测电参数测量仪的电参数，详见表 3-1。

表 3-1　计量仪器性能要求

	名称	测量范围	不确定度或最大允许误差
计量标准器	多功能校准源	0.1～10000 W	MPE=±0.05%
被测仪表	电参数测量仪	0.1 W～6 kW	MPE=±0.5%

（2）不确定度评定流程

1）测量模型

$$\Delta P=P_x-P_s$$

式中：ΔP——功率误差，W；

P_x——被测电参数测量仪显示值，W；

P_s——多功能校准源标准值，W。

2）不确定度来源分析

电参数测量仪功率校准结果不确定度来源主要包括：

①被测电参数测量仪示值多次重复测量引入的标准不确定度 u_1；

②被测电参数测量仪表显示分辨力引入的不确定度分量 u_2；

③标准器允许误差引入的不确定度分量 u_3。

3）不确定度分量确定

以功率 200 W、频率 50 Hz、交流电流 1 A、交流电压 200 V 测量点为

例进行不确定度评定。

①被测电参数测量仪示值多次重复测量引入的标准不确定度 u_1。

根据对电参数测量仪重复测量得到的 10 组原始数据如表 3-2 所示，则 u_1 计算为：

表 3-2　电参数测量仪功率重复测量数据

序号	1	2	3	4	5	6	7	8	9	10
示值/W	199.6	199.8	199.8	200.1	200.2	199.7	199.8	200.2	200.4	200.1

$$u_1 = \sqrt{\frac{\sum_{i=1}^{n}(x_i - \bar{x})^2}{\sqrt{n-1}}} / \sqrt{n} = 0.14\ \text{W}$$

②被测电参数测量仪显示分辨力引入的不确定度分量 u_2。

被测电参数测量仪分辨力为 0.1 W，则：

$$u_2 = 0.1/2\sqrt{3} \approx 0.029\ \text{W}$$

③标准器允许误差引入的不确定度分量 u_3。

依据多功能校准源说明书可知，电功率最大允许误差 = ±（200×0.15%），按均匀分布，则：

$$u_3 = (200 \times 0.15\%)/\sqrt{3} \approx 0.17\ \text{W}$$

4）不确定度分量汇总（见表 3-3）

表 3-3　功率计量结果不确定度分量汇总

标准不确定度分量	不确定度来源	标准不确定度	c_i	$u(x_i)$
u_1	被测电参数测量仪示值多次重复测量引入的标准不确定度	0.14	1	0.14
u_2	被测电参数测量仪显示分辨力引入的不确定度分量	0.029	1	0.029
u_3	标准器允许误差引入的不确定度分量	0.17	−1	0.17

5）合成标准不确定度

$$u_c = \sqrt{\sum_{i=1}^{n} u_i^2} = 0.22\ \text{W}$$

6）扩展不确定度

取包含因子 $k=2$，则：

$$U = k \cdot u_c = 0.44\ \text{W}\ (k=2)$$

7）相对扩展不确定度

$$U_{rel} = U/200 \times 100\% = 0.22\%\ (k=2)$$

2. 数字温度测量仪温度计量结果不确定度的评定

（1）概述

数字温度测量仪主要用于检测加湿器水箱水温，一般依据 JJG 874—2007《温度指示控制仪检定规程》、JJF 1171—2007《温度巡回检测仪校准规范》进行计量校准，使用标准水银温度计和恒温水槽作为计量标准器。计量仪器性能要求见表 3-4。

表 3-4 计量仪器性能要求

名称		测量范围	技术指标
计量标准器	标准水银温度计	-30~300 ℃	分度值：0.1 ℃
	恒温水槽	5~95 ℃	温度波动度：±0.015 ℃/15 min
被测仪表	温度指示控制仪	5~95 ℃	分度值：0.01 ℃

（2）不确定度评定流程

1）测量模型

$$\Delta t = t_s + \Delta t_s - t$$

式中：Δt——被测仪表示值修正值；

t_s——标准水银温度计示值平均值；

Δt_s——标准水银温度计的示值修正值；

t——被测仪表示值平均值。

2）不确定度来源分析

数字温度测量仪表的不确定度来源于以下几方面：

①标准水银温度计读数分辨力引入的不确定度 u_1；

②标准水银温度计读数视线不垂直引入的不确定度 u_2；

③被测仪表测量重复性引入的不确定度 u_3；

④被测仪表读数分辨力引入的不确定度分量 u_4；

⑤恒温槽温场不均匀性引入的不确定度 u_5；

⑥恒温槽温度波动引入的不确定度 u_6。

3）不确定度分量确定

选取 10℃温度点的计量结果进行不确定度评定。

①标准水银温度计读数分辨力引入的不确定度 u_1。

标准水银温度计的分度值为 0.1 ℃，其读数分辨力为 0.01 ℃，均匀分布，则：

$$u_1 = 0.01/\sqrt{3} \approx 0.0058$$

②标准水银温度计读数视线不垂直引入的不确定度 u_2。

标准温度计读数视线不垂直引入的不确定度分量，偏差估算为 0.005 ℃，反正弦分布，则：

$$u_2 = 0.005/\sqrt{2} \approx 0.0035$$

③被测仪表测量重复性引入的不确定度 u_3。

当校准温度为 10 ℃时，被测温度测量仪表的重复性测量结果如表 3-5 所示，则：

表 3-5　温度重复性测量数据

序号	1	2	3	4	5	6	7	8	9	10
示值	10.02	10.04	10.01	10.02	10.02	10.04	10.02	10.02	10.04	10.04

$$u_3 = \sqrt{\frac{\sum_{i=1}^{n}(x_i - \bar{x})^2}{\sqrt{n-1}}} / \sqrt{n} = 0.0063$$

④被测仪表读数分辨力引入的不确定度分量 u_4。

被测温度测量仪表的读数分辨力为0.01 ℃，呈均匀分布，则：

$$u_4=0.01/\sqrt{3}\approx0.0058$$

⑤恒温槽温场不均匀性引入的不确定度 u_5。

根据B类评定方法，当温度在10 ℃时，参照计量证书要求，恒温槽工作区域内温度不均匀度最大偏差为0.010 ℃，呈均匀分布，则：

$$u_5=0.010/\sqrt{3}\approx0.0058$$

⑥恒温槽温度波动引入的不确定度 u_6。

根据B类评定方法，当温度在10 ℃时，参照计量证书要求，波动度最大偏差为0.010 ℃，均匀分布，则：

$$u_6=0.010/\sqrt{3}\approx0.0058$$

4）温度计量结果不确定度分量汇总（见表3-6）

表3-6 温度计量结果不确定度分量汇总

标准不确定度分量	不确定度来源	标准不确定度	c_i	$\lvert c_i\rvert u(x_i)$
u_1	标准水银温度计读数分辨力引入的不确定度	0.0058	1	0.0058
u_2	标准水银温度计读数视线不垂直引入的不确定度	0.0035	1	0.0035
u_3	被测仪表测量重复性引入的不确定度	0.0063	-1	0.0063
u_4	被测仪表仪读数分辨力引入的不确定度	0.0058	-1	0.0058
u_5	恒温槽温场不均匀性引入的不确定度	0.0058	-1	0.0058
u_6	恒温槽温度波动引入的不确定度	0.0058	-1	0.0058

5）合成标准不确定度

$$u_c = \sqrt{\sum_{i=1}^{7} u_i^2} = 0.014$$

6）扩展不确定度

取包含概率 $p=95\%$，包含因子 $k=2$。

$$U = k \cdot u_c = 0.03\ (k=2)$$

第四节　测试方法

本节对 GB/T 23332—2018《加湿器》中的第 6 章“试验方法”和附录 B、附录 C 和附录 D 的部分进行解读，在加湿器测试前，试验条件应满足标准 6.1 的规定。

一、加湿量

1. 加湿量的试验方法

【标准条款】

> **6.5　加湿量**
>
> 按附录 B 规定的方法进行。

【理解要点】

（1）加湿器在最大加湿模式下进行试验。

（2）蒸发式加湿器在进行测试前，应对加湿滤网进行浸泡 24 h 的预处理。

2. 试验工况

【标准条款】

B.1 测试的标准条件

测定的条件应符合表 B.1 的要求。

表 B.1 测定条件

试验条件	加湿方式[b]		
	蒸发式及含有蒸发式的器具	电极式	其他类型
电源电压/V	220±1		
电源频率/Hz	50±1		
温度/℃	23±2		
相对湿度/%	30±5	30~70	
试验水温/℃	23±2		
水质	应符合 6.1.2 的要求	电导率（450±10）μS/cm NaCl 水溶液[c]	应符合 6.1.2 的要求
放置方式	器具应置于实验室中心位置，台式器具放置在试验台上，如图 B.1 所示；落地式器具直接放置地面上，如图 B.2 所示。若说明书中有要求，则按照使用说明要求放置		
工作状态	最大加湿量工作状态或说明书标称工作状态		
预运转时间[a]/h	0.5		
注：其他额定电压和额定频率的加湿器加湿量的测定参照本方法。			

[a] 在试验开始前运转时间。

[b] 多功能的器具，选择表中对应的加湿功能条件进行试验。

[c] 纯净水加 NaCl 配成的溶液。

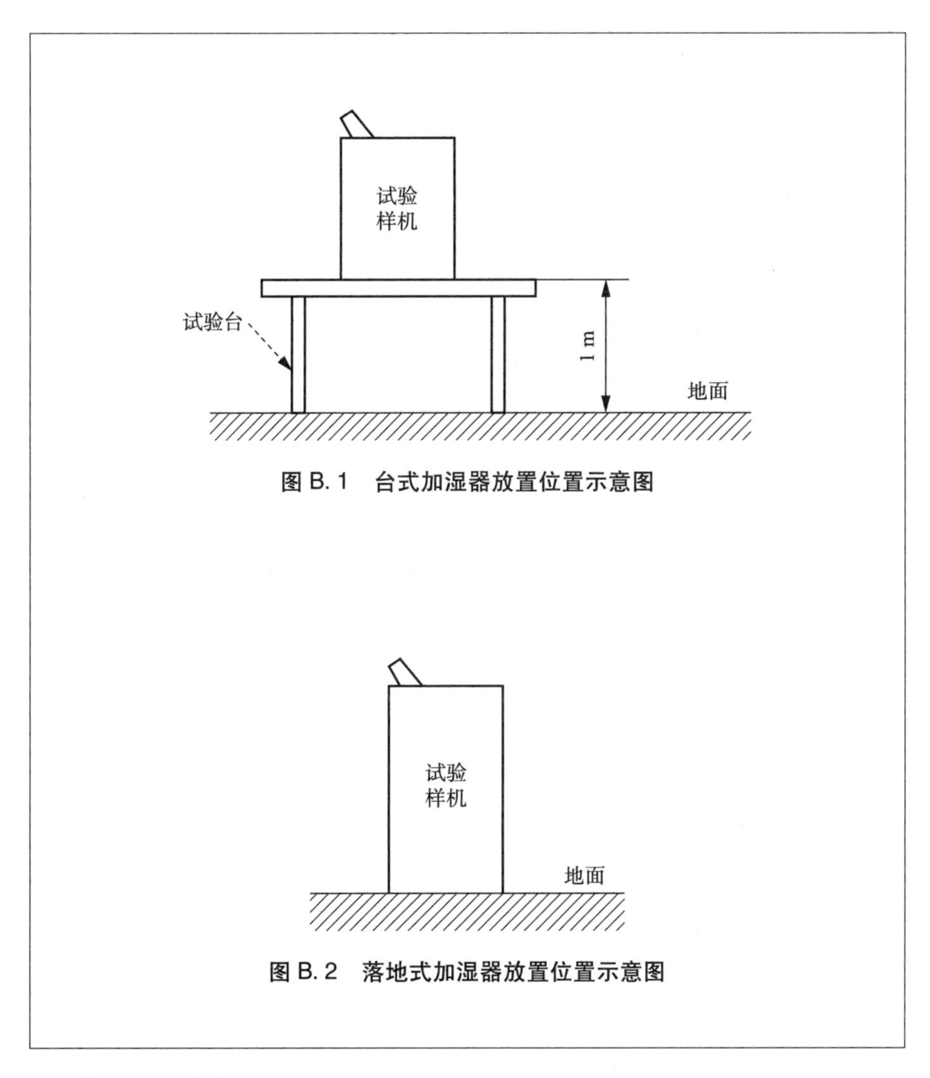

图 B.1　台式加湿器放置位置示意图

图 B.2　落地式加湿器放置位置示意图

【理解要点】

（1）本条规定了加湿器试验的环境温湿度、试验电源、试验水温及放置方式。

（2）试验开始前应按使用说明预运行 0.5 h 后开始试验。

（3）试验需要在恒温恒湿的实验舱内进行；冷蒸发类型的机器，在加湿量的整个测试过程中，实验舱内的温湿度分别应控制在（23±2)℃、

(30±5)%范围内，并尽量控制在温湿度范围的中间值。

（4）加湿量测试过程中，需要确保整个实验舱内温湿度的均匀性，同时实验舱内应确保没有明显的对流风影响加湿器加湿的效果。

（5）样机放置在实验室的中央位置，台式器具放置在距离地面 1 m 的试验台上，落地式器具放置在地面上；如果样机说明书有特殊要求，应按说明书要求放置样机。

（6）样机测试程序为最大加湿量的工作状态或说明书中标称工作状态。

3. 测试过程

【标准条款】

B.2　测定方法

B.2.1　按说明书要求对加湿器或其部件进行预处理后进行试验。若未要求则直接进行试验。

B.2.2　预运转工作 0.5 h 后，称量加湿器的整机质量 m_1。

B.2.3　试验运行：试验运行至最低水位限或缺水提示或运行大于 3 h 的器具运行至 3 h 停止试验，称量加湿器的整机质量 m_2。

【理解要点】

（1）测试前应按加湿器说明书要求进行预处理。蒸发式加湿器在进行测试前，应对加湿滤网进行浸泡 24 h 的预处理。

（2）预运行完成后，试验开始前，先称量整机质量。

（3）将加湿器开启至最大加湿状态，同时开始计时，直至加湿器水位到最低水位限或缺水提示，关闭样机记录时间，并将整机称重。如运行 3 h 后仍未到最低水位，停止测试，关闭样机，称量整机质量。

4. 加湿量计算

【标准条款】

B. 3　加湿量的计算

加湿量按式（B. 1）计算，其中水的密度按 1 kg/L 计。

$$Q=\frac{m_1-m_2}{\rho\times T}\times 3\ 600 \tag{B. 1}$$

式中：

Q——加湿量，单位为毫升每小时（mL/h）；

m_1——试验开始时加湿器的整机质量，单位为克（g）；

m_2——试验结束时加湿器的整机质量，单位为克（g）；

ρ——水密度，为 1 g/mL；

T——加湿量试验的时间，单位为秒（s）。

【理解要点】

将试验记录的数据 m_1、m_2、T，带入到式（B. 1）中，计算加湿量。

二、加湿效率

【标准条款】

6. 6　加湿效率

在额定工作条件下，器具在最大挡位，测量输入功率 W。

按式（1）计算加湿效率：

$$\eta=\frac{Q}{W} \tag{1}$$

式中：

η——加湿效率，单位为毫升每小时瓦特［mL/（h · W）］；

Q——加湿量实测值，单位为毫升每小时（mL/h）；

W——输入功率实测值，单位为瓦特（W）。

【理解要点】

（1）加湿效率是在额定状态下，加湿量除以输入功率计算得来的。

（2）输入功率的测量：连接加湿器与电参数测试仪表，接通电源，仪表进入测量状态；加湿器在额定状态下稳定运行至少 30 min 后，开始读取测量值。若超过 30 min 的时间，测量的功率变化小于 1%，可以直接读取测量值作为额定功率。如果在此期间内功率变化大于或等于 1%，则连续测量至 60 min，用器具所消耗的电量除以测试时间来计算平均功率，即为输入功率。

三、噪声

【标准条款】

6.7　噪声试验

按附录 C 规定的方法进行。

C.1　测量依据

加湿器噪声测量按 GB/T 4214.1—2017 相关规定进行。

C.2　测试条件

C.2.1　噪声测试环境为半消声室。

C.2.2　将加湿器放置于测试场地面几何中心位置，厚度 5 mm～10 mm 的弹性橡胶垫层上。

C.2.3　使加湿器在额定工作状态下，正常工作 1 h 后开始进行噪声测试。直接蒸发式、离心式加湿器调至最高风速挡位进行测试，其他类型加湿器调至最大加湿工作状态进行测试。

C.3　测量方法

C.3.1　测试量

测试量为 A 计权声功率级，L_W，以分贝（dB）为单位（基准量 1 pW）。

C. 3. 2 传声器的布置

C. 3. 2. 1 如果加湿器的每一边长都不超过 0. 7 m，则测量表面为半球面，带有 10 个测点。半球面测量表面的半径 r 不小于 1. 5 m。测点位置示意图见 GB/T 4214. 1—2017 中的图 4。

C. 3. 2. 2 如果加湿器的某一边长超过 0. 7 m，测量表面是带有 9 个测点的矩形六面体。测量距离 d 采用 1 m。测点位置示意图见 GB/T 4214. 1—2017 中的图 1。

C. 3. 3 声压级和声功率级的计算

如果测量的噪声过小，则背景噪声级对测量产生的影响应按照 GB/T 4214. 1—2017进行修正。对 A 计权声压级，其各测点所测的声压级的平均值按式（C. 1）计算：

$$L_p = 10\lg\left[\frac{1}{N}\sum_{i=1}^{N}10^{0.1L_{p_i}}\right] \tag{C. 1}$$

式中：

L_p——各测点的平均声压级噪声值，单位为分贝（dB）；

L_{p_i}——第 i 个测点测得的声压级噪声值，单位为分贝（dB）；

N——测点数。

被测加湿器的声功率级的平均值按照式（C. 2）计算：

$$L_W = L_p + 10\lg\frac{S}{S_0} \tag{C. 2}$$

式中：

L_p——各测点的平均声压级噪声值，单位为分贝（dB）；

L_W——被测加湿器的声功率级噪声值，单位为分贝（dB）；

S——测量表面面积，单位为平方米（m^2）；

S_0——基准面面积，取 $S_0 = 1\ m^2$，单位为平方米（m^2）。

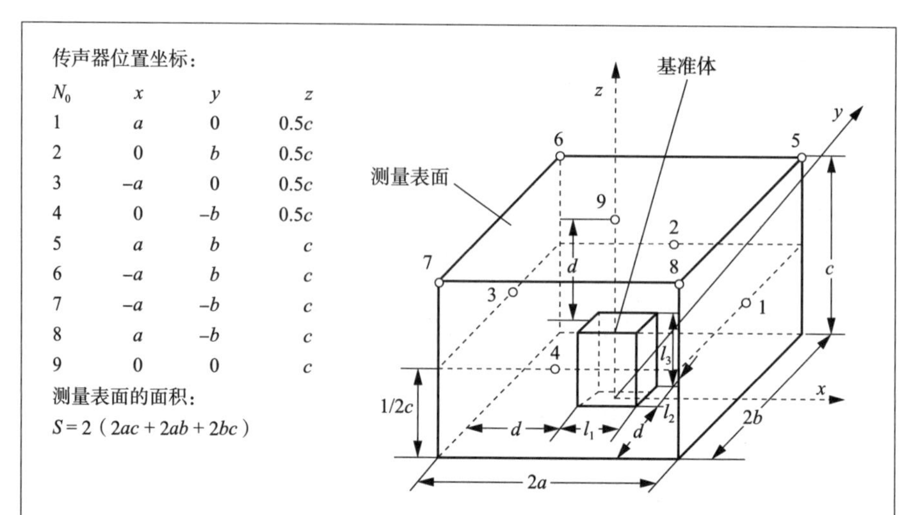

传声器位置坐标：

N_0	x	y	z
1	a	0	$0.5c$
2	0	b	$0.5c$
3	$-a$	0	$0.5c$
4	0	$-b$	$0.5c$
5	a	b	c
6	$-a$	b	c
7	$-a$	$-b$	c
8	a	$-b$	c
9	0	0	c

测量表面的面积：

$S=2\,(2ac+2ab+2bc)$

GB/T 4214. 1—2017 中的图 1 自由放置的落地式器具的

带有测点位置的矩形六面体测量表面

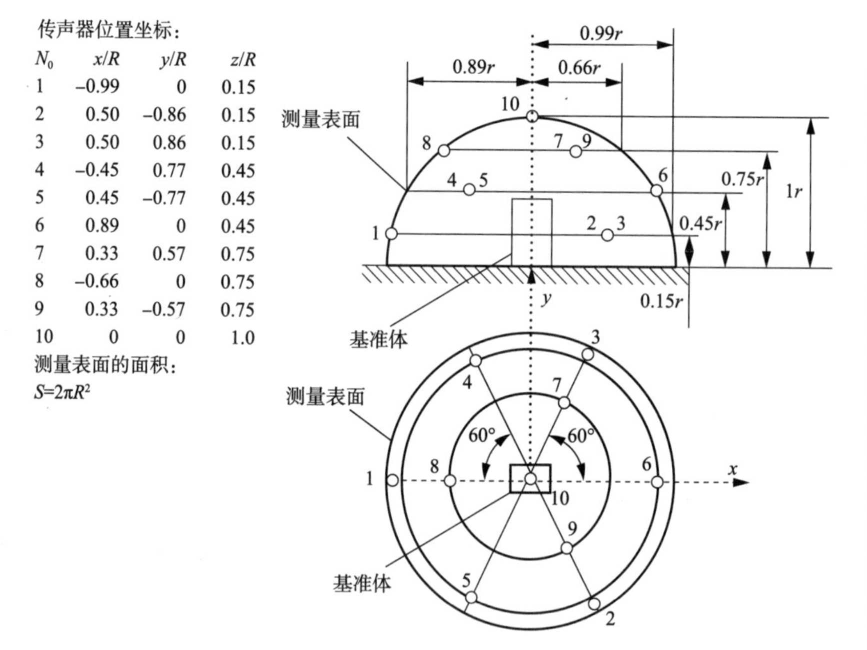

传声器位置坐标：

N_0	x/R	y/R	z/R
1	−0.99	0	0.15
2	0.50	−0.86	0.15
3	0.50	0.86	0.15
4	−0.45	0.77	0.45
5	0.45	−0.77	0.45
6	0.89	0	0.45
7	0.33	0.57	0.75
8	−0.66	0	0.75
9	0.33	−0.57	0.75
10	0	0	1.0

测量表面的面积：

$S=2\pi R^2$

GB/T 4214. 1—2017 中的图 4 手持式、台式和地板处理器具的

带有测点位置的半球面测量表面

【理解要点】

（1）加湿器的噪声值用 A 计权的声功率级表示。

（2）噪声的测试在最大加湿模式下进行。

（3）如果加湿器的每一边长都不超过 0.7 m，则选择半球面测试表面。

（4）如果加湿器的某一边长超过 0.7 m，则选择矩形六面体测试表面。

四、软水性能

【标准条款】

> **6.8　软水器及水位保护功能**
>
> 6.8.1　附带软水器功能的加湿器，按附录 D 规定的方法进行。
>
> 6.8.2　按使用说明要求运行，检查水位保护功能是否有效可靠。

【理解要点】

（1）按照 GB/T 5750.4 中的测试方法测试初始硬度，硬度应为（2.50±0.20）mmol/L（Ca^{2+}/Mg^{2+}）；经过软水器软化后，按照 GB/T 5750.4 中的要求测试其软化后的硬度和 pH。

（2）软化水量试验，试验前先记录初次软化水量，然后用软水器对试验用水进行软化，每软化 10 L，等间隔取 25 mL 水样，并测试水样硬度，取平均值，并记录水量。重复试验直至硬度小于 0.7 mmol/L（Ca^{2+}/Mg^{2+}）。然后对软水器进行再生，并重复上述试验。若软水器再生后的单次软化水量小于初次使用的软化水量的 50% 时，结束试验。计算总软化水量。

（3）水位保护功能的测试：按使用说明书的要求开启加湿器，观察加湿器水位在低于水位线时是否停止工作。

五、耐久性

【标准条款】

> **6.9　耐久性**
>
> 在环境温度（25±5）℃、相对湿度不高于60%、无强制对流环境下连续运行。并采用6.1.2规定的试验用水试验。
>
> 在正常工作状态下，先测定初始加湿量，然后以最高挡连续运行工作，当累计运行时间达到表3规定的相应要求时，停止试验，并测定加湿量，如该加湿量大于初始值的50%，试验有效。
>
> 上述试验后，水位保护功能应能正常工作。
>
> 注1：在试验过程中，按照使用说明的要求定时清洗或更换组件。
>
> 注2：蒸发式加湿器每500 h更换一次蒸发器。
>
> 注3：超声波式加湿器可更换一次超声波发生器。
>
> 注4：到达累计时间，按照说明书要求清洗加湿器后再进行加湿量测试。

【理解要点】

（1）加湿器进行耐久性试验时，加湿器在最大加湿量状态下运行。

（2）测试初始加湿量后，使加湿器在标准环境下连续以最大加湿量运行，直到达到要求后停止运行，并测定加湿量。根据加湿器类型不同，耐久性的时间要求不同，根据标准耐久性分级一览表进行试验。

（3）蒸发式加湿器每500 h更换一次蒸发器，超声波加湿器在试验过程中可以更换一次超声波发生器。

六、抗菌、防霉

【标准条款】

> **6.11　抗菌、防霉和除菌**
>
> 抗菌、防霉试验按GB 21551.2中规定的方法试验。

【理解要点】

（1）抗菌测试方法主要有贴膜法、吸收法、振荡法等。贴膜法适用于非吸水性且可制成一定面积的材料、零部件；吸收法适用于吸水性且可制成一定面积的材料、零部件；振荡法适用于吸水性或非吸水性，不规则形状的材料、零部件。

（2）测试可从待测样品上直接剪取，如果受样品的形状所限，直接采集试验样品有困难，可采用与样品相同的原材料和加工方法制成试验样品。

（3）抗菌测试采用的是 50 mm×50 mm 的 6 块样块，测试菌种为大肠埃希氏菌和金黄色葡萄球菌，根据实际需求，也可选用其他菌种。

（4）目前，加湿器的机身等抗菌材料，多采用贴膜法进行测试；加湿器滤网等吸水性材料，多采取吸收法进行测试。

（5）防霉测试采用的是 50 mm×50 mm 的 3 块样块，测试菌种为黑曲霉、土曲霉、宛氏拟青霉、绳状青霉、出芽短梗霉、球毛壳六种霉菌的混合孢子悬液。

（6）GB 21551. 2 目前应用的版本为 2010 年版，该标准在 2018 年进行了修订，修订版目前已报批，发布后将按照最新版执行。

七、除菌

除菌试验参照附录 E 进行。

1. 概述

（1）设置目的

附录 E 设置的主要目的是通过实际细菌加标试验测试声称具有除菌功能加湿器的实际除菌效果，避免虚假宣传。

（2）与上一版的差异

本章内容为本版新增内容。

2. 条款解释

【标准条款】

> **E.1　范围**
>
> 本方法适用于声称带有除菌功能的加湿器。

【理解要点】

（1）加湿器由于其内外环境的温湿度非常适合微生物生长，导致其极易滋生病原微生物。经常使用的加湿器水箱内，细菌数量可能高达数万个。同时，微生物会随着超声波加湿器产生的气雾扩散到空气中，长时间使用的蒸发式加湿器，其滤网有可能因失效而无法拦截细菌。微生物一旦进入呼吸道，直接影响人体健康，甚至导致“加湿器肺炎”。因此加湿器的除菌是非常必要的。

（2）加湿器主要可以通过在水箱中增加紫外灯、臭氧发生器或者使用其他除菌技术达到去除微生物的效果。GB/T 23332—2018 主要针对加湿器的除菌特点，规定了一种常用的除菌方法。

【标准条款】

> **E.2　方法概述**
>
> 使一定浓度的菌悬液与除菌模块或除菌部件相接触，通过接触前后试验组和对照组含菌量的变化计算除菌率。

【理解要点】

向加湿器对应的部位添加细菌悬液，达到规定时间后采样，通过测试添加前后的菌悬液浓度可以计算出待测样品的除菌率。

【标准条款】

E. 3　试验菌种和仪器

E. 3. 1　试验菌种

E. 3. 1. 1　试验菌种的选择

大肠埃希氏菌 *Escherichia coli* AS 1. 90

金黄色葡萄球菌 *Staphylococcus aureus* AS 1. 89

【理解要点】

（1）中国科学院微生物研究所菌种保藏管理中心（AS）已变更为中国普通微生物菌种保藏管理中心（CGMCC），AS 菌株变更为 CGMCC 菌株，对应的菌株编号不变。

（2）试验采用的大肠埃希氏菌是革兰氏阴性菌（G^-）（见图 3-1），金黄色葡萄球菌是革兰氏阳性菌（G^+）（见图 3-2），它们是测试中最常使用的两种代表菌。

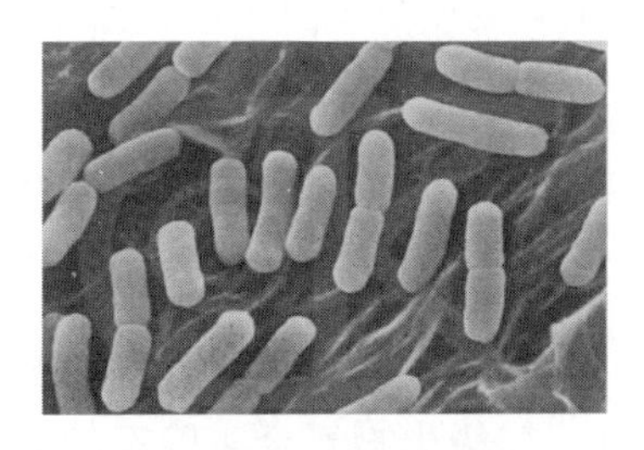

图 3-1　大肠埃希氏菌

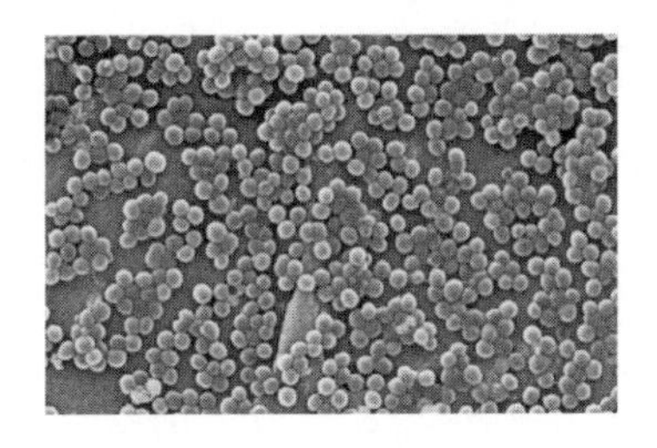

图 3-2　金黄色葡萄球菌

【标准条款】

E.3.1.2 一般要求

试验菌种应满足以下基本要求：

a） 根据使用要求，也可选用产品明示菌种或菌株作为试验用菌，但所有菌种或菌株由国家相应菌种保藏管理中心提供并在报告中标明试验用菌种名称及分类号；

b） 实验室要依据国家相关规定安全使用试验微生物，并且尽量选择非致病或低致病微生物；

c） 培养菌种使用的各种培养基组分，要符合菌种保藏管理中心的要求；

d） 所有涉及微生物操作的器皿和材料都要提前进行灭菌，首选湿热灭菌（121 ℃，20 min）。

理解要点

（1）除了标准规定的大肠埃希氏菌和金黄色葡萄球菌，也可选用环境中常见的其他菌种，如白色葡萄球菌、白色念珠菌等。最终的除菌率应注明测试采用的菌种名称。无论使用哪种微生物，不同的菌种均需单独进行测试。

（2）大肠埃希氏菌和金黄色葡萄球菌属于条件致病菌，应在生物安全二级实验室（BSL-2）操作。二级生物安全实验室的具体要求可见 GB 19489《实验室　生物安全通用要求》。

（3）除菌性能仅适用于明示具有除菌功能的产品。

（4）每种细菌应单独进行试验。

【标准条款】

E. 3. 1. 3　培养条件

E. 3. 1. 3. 1　菌种培养条件

如果菌种提供机构有特殊要求，应以其要求为准。没有特殊要求的，试验菌种的一般性培养条件应符合 GB 21551. 2—2010 中 A. 5. 2 和 A. 5. 3 的要求。

本附录的试验条件都是以大肠埃希氏菌和金黄色葡萄球菌为例，如果是其他试验菌种，相应的试验条件要随之改变。

【理解要点】

（1）标准规定的大肠埃希氏菌和金黄色葡萄球菌，其试验菌种的一般性培养方法可以参考 GB 21551. 2 中详细的菌种培养和传代方法；对于其他试验菌种，相应的培养条件需根据菌种供货商的要求，选取合适的培养基以及培养条件，保证菌种活力。

（2）大肠埃希氏菌和金黄色葡萄球菌属于条件致病菌，应在生物安全二级实验室（BSL-2）操作。二级生物安全实验室的具体要求可参考 GB 19489《实验室　生物安全通用要求》。如果选取其他代表性细菌，需要根据其致病条件，采用符合其防护要求的生物实验室，以保证操作者的安全。

【标准条款】

E. 3. 1. 3. 2　磷酸盐缓冲液

磷酸氢二钠（无水）（Na_2HPO_4）	2. 83 g
磷酸二氢钾（KH_2PO_4）	1. 36 g
非离子表面活性剂吐温-80	1. 0 g
蒸馏水	1 000 mL

高压蒸汽灭菌 121 ℃，20 min。

【理解要点】

磷酸盐缓冲液，简称 PBS，是常用的用于生物学研究的一种缓冲溶液。缓冲液有助于保持恒定的 pH 值，溶液的渗透压和离子浓度通常与人体 pH 值相近（等渗）。

【标准条款】

E. 3. 1. 4　试验菌种的活化和菌液的制备

将标准试验菌株接种于斜面固体培养基上，在（37±1）℃ 条件下培养（24±1）h 后，在 5 ℃~10 ℃下保藏（不得超过 1 个月），作为斜面保藏菌。

将斜面保藏菌转接到平板固体培养基上，在（37±1）℃ 条件下培养（24±1）h，每天转接 1 次，不超过 2 周。试验时应采用 3 代~14 代、24 h 内转接的新鲜细菌培养物。

用接种环从新鲜培养物上刮 1 环~2 环新鲜细菌，加入适量磷酸盐缓冲液中，并依次做 10 倍梯度稀释液，选择菌液浓度为 5.0×10^{5} CFU/mL~1.0×10^{6} CFU/mL 的稀释液作为试验用菌液，按GB 4789. 2 的方法操作。

【理解要点】

（1）菌种活性是影响试验结果的一个主要因素，建议使用 3 代~5 代，24 h 内转接的新鲜细菌培养物。

（2）试验前可使用紫外分光光度计在 600 nm 波长下测试菌悬液的吸光度预判菌液浓度，但最终的初始浓度均应按照 GB 4789. 2《食品安全国家标准　食品微生物学检验　菌落总数测定》的方法获得。

【标准条款】

E. 4　试验步骤

E. 4. 1　样机预处理

试验样品需要先在无菌室预运转消耗 5 L 水后再进行如下处理。

试验样品预运转结束后，水槽、水箱用 75% 的乙醇溶液冲洗 2 次，再用无菌水或者 PBS 冲洗 3 次，自然晾干或在无菌室内吹干。

【理解要点】

（1）试验前应对测试样机进行预处理，通过预消耗 5 L 水，从而保证产品使用的抗菌抑菌物质不是只有短期作用。

（2）预处理结束后，通过 75% 的乙醇和无菌水（PBS）的冲洗，保证测试部位和整机管路中严格除菌。

（3）PBS 即 GB/T 23332—2018 中 E. 3. 1. 3. 2 所述磷酸盐缓冲液。

【标准条款】

E. 4. 2　除菌

根据除菌模块或者除菌部件的位置，在相应的位置加入 500 mL 菌悬液，在无菌烧杯或者三角瓶中加入同等量的菌悬液，试验样机和对照组在室温下静置 24 h 或开启除菌功能，按照制造商声称的除菌时间运行。

注 1： 如果水箱或者水槽容积小于 500 mL，按照水箱或水槽的最大容积 V（单位：mL）添加菌液，静置时间 T（单位：h）按照式（E. 1）调整：

$$T=\frac{V}{500}\times 24 \tag{E. 1}$$

式中：

T——静置时间，单位为小时（h）；

V——水箱或水槽的最大容积，单位为毫升（mL）。

注 2： 取样位置可根据加湿器加湿原理和出雾方式的不同，调整为水槽或出雾口等处取样。

【理解要点】

（1）除菌模块或者除菌部件一般为安装在水箱内的元件，如紫外灯，臭氧发生器等，可直接将 500 mL 菌悬液加入水箱中。如果是其他位置的元件，则应视实际情况进行调整。

（2）在无菌烧杯或者三角瓶中加入的同等量菌悬液即为对照组，对照组在和试验组相同的室温条件下静置，静置时间和试验组的除菌作用时间相同。

（3）整个操作过程应在无菌条件下进行。

【标准条款】

E.4.3　回收

结束后，将试验组和对照组菌液混合均匀，在相应位置处取样，分别进行 10 倍梯度稀释，选取合适的稀释度，倾注平板，(37±1)℃培养 24 h~48 h，计数。

【理解要点】

（1）试验组和对照组菌液分别混合均匀后，使用移液器进行取样。

（2）若无法估计合适的稀释度，应尽量多选择不同的稀释度进行培养。

（3）培养 24 h~48 h 后，每个细菌会在平皿中形成一个菌落，可以用肉眼观察并计数。

【标准条款】

E.5　计算

E.5.1　试验有效性判定

试验结果应满足：经静置或运行后，对照组回收的菌落数应不低于 1×10^4 CFU/mL，否则试验无效。

【理解要点】

（1）本试验对照组为阳性对照，若对照组回收的菌落数低于限值，说明菌种活力不足，或由于试验环境因素导致菌种活力下降。

（2）因对照组回收菌落数不足导致试验判定无效重新开始试验时，应使用重新培养的菌种斜面，并重新对试验环境及器具进行除菌处理。

【标准条款】

E. 5. 2　除菌率按照式（E. 2）计算：

$$R=\frac{B-A}{B}\times 100\% \tag{E. 2}$$

式中：

R——除菌率；

A——试验样品平均回收菌数，单位为 CFU/mL；

B——对照样品平均回收菌数，单位为 CFU/mL。

【理解要点】

试验应重复 3 次，每次试验结束后应对样机重新进行预处理，避免影响下次试验结果。

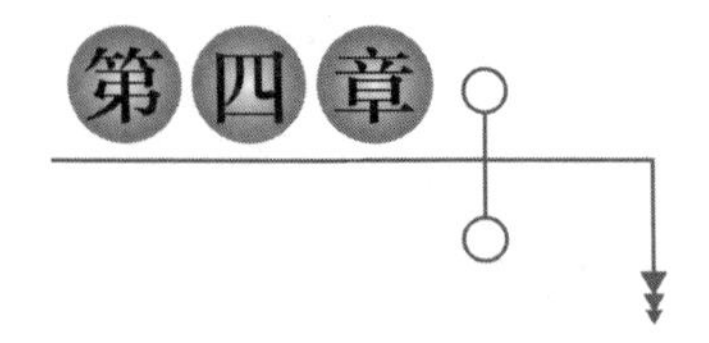

质量分析

第一节　质量监督管理

一、管理体制

依据《中华人民共和国产品质量法》（以下简称《产品质量法》）第八条规定：国务院产品质量监督部门主管全国产品质量监督工作。因此，我国产品质量管理采用的是由各级政府主管机构在生产和市场领域双管齐下的监管体制。国务院有关部门在各自的职责范围内负责产品质量监督工作。县级以上地方人民政府有关部门在各自的职责范围内负责产品质量监督工作。法律对产品质量的监督部门另有规定的，依照有关法律的规定执行。因此，我国目前的产品质量管理体制，是在法律框架下的“统一领导，分级、分部门管理”。目前，我国质量监管部门是国家市场监督管理总局，主要负责产品质量安全监督管理；管理产品质量安全风险监控、国家监督抽查等工作；建立并组织实施质量分级制度、质量安全追溯制度，指导工业产品生产许可管理等。

二、监督抽查制度

《产品质量法》第十五条规定：“国家对产品质量实行以抽查为主要方式的监督检查制度，对可能危及人体健康和人身、财产安全的产品，影响国计民生的重要工业产品，以及消费者、有关组织反映有质量问题的产品

进行抽查。”

我国监督抽查工作由国家市场监督管理总局统一规划和组织，实行以抽查为主要方式的质量监管制度，对可能危及人体健康和人身、财产安全的产品，影响国计民生的重要工业产品，以及用户、消费者、有关组织反映有质量问题的产品，进行国家级质量监督抽查。县级以上地方人民政府管理产品质量监督工作的部门在本行政区域内，也可以组织本地区的监督抽查。产品质量抽查结果应当公布，并按法律规定对不合格产品企业进行相应的经济处罚。

三、质量认证制度

二次世界大战以后，为了医治战争创伤，迅速恢复国家工业，促进贸易发展，很多工业发达国家或经济强国，纷纷建立了自己国家的质量认证制度。二十世纪五十年代初期，英、法、日、美、加拿大、比利时、葡萄牙、丹麦、芬兰等很多工业国家，先后实行采用法定标准的产品认证制度，规定了很多工业产品要按标准生产，并需取得权威的第三方认证机构颁发的认证标志。

由于认证制度的建立和实施，使这些工业国家收到了显著的经济效益，打开了产品销路，占领了国内市场。为了巩固已得的利益，这些国家又把产品认证制度用于国际贸易中，使得认证制度变成了国际贸易中的“技术壁垒”。因此，许多国家也纷纷效仿，保护本国企业的利益，以发展本国的对外贸易，这样质量认证在全世界得到了迅速的发展，所有发达国家和许多发展中国家都纷纷建立各自的产品质量认证制度。产品质量认证的依据是标准，因此，没有标准就没有行业迅速、规范的发展，消费者和企业的利益就无法得到保护。所以说，质量认证制度的建立，促进了工业国家的标准化进程，同时，也迅速推进了标准的国际化发展。

二十世纪八十年代，随着第一部《产品质量法》的实施，我国政府根据国际通用的质量管理标准，推行企业质量体系认证制度；参照国际先进的产品标准和技术要求，推行产品质量认证制度。我国产品质量认证分为安全认证和合格认证。实行认证的产品，必须符合《产品质量法》、《中华人民共和国标准化法》（以下简称《标准化法》）的有关规定。二十世纪末，我国先后出台了《产品质量认证管理条例》《产品质量认证管理条例实施办法》《产品质量认证委员会管理办法》《产品质量认证检验机构管理办法》《产品质量认证书和认证标志管理办法》等法规、规章，对认证、检验机构的建立和管理，以及产品质量认证的有关程序，即申请、审查和检验、批准等具体步骤，做出了明确规定。这些法规的出台，大大促进了我国产品质量认证制度，以及国家标准的国际化发展。

我国产品质量认证是依据产品标准和相应技术规范，经国家认可的第三方中介机构确认，以及产品检验、工厂审查等程序，并通过颁发认证证书和认证标志，证明产品符合相应标准和技术规范要求，并允许在产品上，以及宣传材料中使用认证标志。国家市场监督管理总局负责统一管理、监督和综合协调全国认证认可工作。建立并组织实施国家统一的认证认可和合格评定监督管理制度。目前，我国产品质量认证制度分为强制性认证和自愿性认证两大类别。

1. 强制性认证制度

我国电工产品认证始于1984年，中国国家认证认可监督管理委员会批准成立中国电工产品认证委员会（CCEE），CCEE是代表中国参加国际电工委员会电工产品安全认证组织（IECEE）的唯一机构，是中国电工产品领域的国家认证组织，CCEE下设有电工设备、电子产品、家用电器、照明设备四个分委员会和二十五个检测站。CCEE的成立标志着我国电工产品质量进入强制性认证阶段，并开始了以长城为标志的电工产品认证，即长城认证。

2001年4月经国务院决定，国家质量技术监督局与国家出入境检验检疫局合并，组建中华人民共和国国家质量监督检验检疫总局（简称“国家质检总局”）。国家认证认可监督管理委员会是统一管理、监督和综合协调全国认证认可工作的主管机构。对于国家实行强制认证的产品，由国家认证认可监督管理委员会公布统一的目录，确定统一适用的国家标准、技术规则和实施程序，制定统一的标志，规定统一的收费标准。

新的强制性产品认证制度于2002年5月1日起实施。根据中国入世承诺和体现国民待遇的原则，国家对强制性产品认证使用统一的标志。新的国家强制性认证标志名称为“中国强制认证”，英文名称为“China Compulsory Certification”，英文缩写为“CCC”（见图4-1）。中国强制认证标志实施以后，将逐步取代原来实行的“长城”标志和“CCIB”标志。带有CCC认证标志的产品表明其安全性符合相应国家或行业标准要求。

图4-1　CCC认证标志

目前，加湿器还没有列入强制性认证目录，因此，不能进行CCC认证，但按照《产品质量法》和《标准化法》的要求，需通过GB 4706.1《家用和类似用途电器的安全　第1部分：通用要求》和GB 4706.48《家用和类似用途电器的安全　加湿器的特殊要求》强制性国家标准检验合格，或通过依据上述标准进行的自愿性安全认证，才可上市销售。

2. A$^+$认证是高端家电质量标志

进入二十一世纪后，智能化、健康化，以及外观艺术化成为高端家用电器的发展趋势，我国家电企业呈现出与欧美顶尖品牌对垒高端市场的态势。为了适应家电行业高端化转型和升级，鼓励制造企业技术进步和赶超世界先进水平，提高产品综合竞争力，为消费者选购提供参考依据，中国家用电器研究院（CHEARI）和北京中轻联认证中心（CCLC）联合推出针对高端家电性能项目的“A$^+$”等级认证，使得高端家电有了量化要求，从而为高端家电提供了展示设计和制造技术水平的平台，为引导消费者理性选购提供参考。

由于加湿器未列入强制性认证目录，目前国内质量认证，只有反映高端性能以及除菌、抗菌能力的 A^+认证（见图 4-2）。带有 A^+标志的产品表明产品性能质量达到国际先进水平。

图 4-2　A^+高端家电性能认证标志

第二节　产品质量现状

目前，全国加湿器生产企业 400 余家，2019 年产量超过 600 万台，产值约 150 亿元。市场上销售的加湿器主要有四种类型，分别是超声波式加湿器、蒸发式加湿器、电热式加湿器和复合式加湿器。近年来，低价位的迷你型加湿器慢慢进入消费者的家居生活。现在，大多数生产企业都可以生产上述四种类型的产品，生产企业主要分布在广东省、浙江省等地，福建省、山东省、安徽省、北京市也有少部分生产企业。其中，广东省中山市和佛山市是我国加湿器的主要生产基地，占据全国企业总数的 50% 以上。从产量来看，其中具有一定知名度的企业 10 余家，主要有美的、小熊、德尔玛、格力、亚都、戴森、飞利浦等品牌。根据加湿器行业的实际情况，以生产企业规模，以及年销售额为标准划分为大、中、小型企业，

比例为 1∶2∶5。规模较大的生产企业约 50 家，中小规模企业约 350 家。

一、国家监督抽查情况

从 2019 年至今，国家市场监督管理总局已经连续三年对加湿器进行了产品质量监督抽查，足以体现了加湿器产品质量的重要性。2019 年加湿器抽查了 5 个省（市）29 家企业生产的 30 批次加湿器产品，其中 4 批次产品不合格，抽查不合格率为 13. 3%；2020 年加湿器抽查了 6 个省（市）30 家企业生产的 30 批次加湿器产品，其中 4 批次产品不合格，抽查不合格率为 13.3%。2021 年加湿器抽查了 8 个省（市）45 家企业生产的 48 批次加湿器产品，其中 2 批次涉嫌无厂名厂址，已交由企业所在地市场监管部门处理。检验的 46 批次产品中，发现 2 批次产品不合格，抽查不合格率为 4.3%。加湿器近 3 年国家监督抽查情况详见图 4-3。

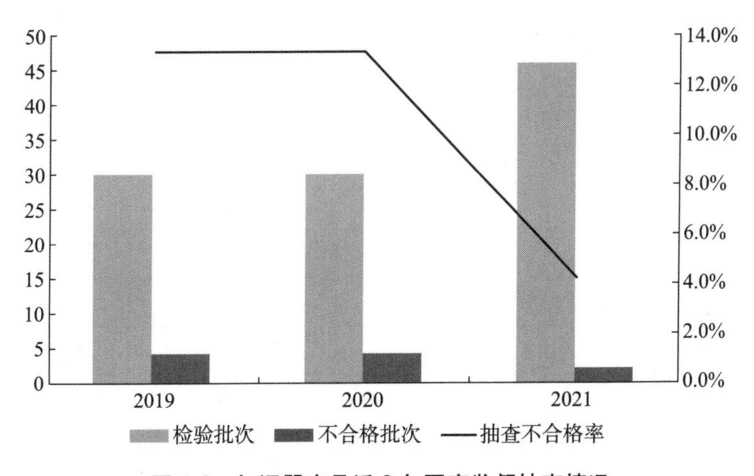

图 4-3　加湿器产品近 3 年国家监督抽查情况

二、国家监督抽查依据

按照 2019—2021 年《加湿器产品质量国家监督抽查实施方案》规定，抽查及判定依据为下述国家标准：

（1）GB 4706. 1—2005《家用和类似用途电器的安全　第 1 部分：通

用要求》；

（2）GB 4706.48—2009《家用和类似用途电器的安全　加湿器的特殊要求》。

抽查项目主要是电器安全项目（见表 4-1），涉及上述标准的 14 个章节，项目重要程度均为 A 类，属于致命缺陷。

表 4-1　抽查项目及重要程度

序号	检验项目	依据标准章节	重要程度	
			A 类	B 类
1	对触及带电部件的防护	第 8 章	•	
2	输入功率和电流	第 10 章	•	
3	工作温度下的泄漏电流和电气强度	第 13 章	•	
4	耐潮湿	第 15 章	•	
5	泄漏电流和电气强度	第 16 章	•	
6	稳定性和机械危险	第 10 章	•	
7	机械强度	第 21 章	•	
8	结构	第 22 章（不包括 22.46）	•	
9	内部布线	第 23 章	•	
10	电源连接和外部软线	第 25 章	•	
11	外部导线用接线端子	第 26 章	•	
12	接地措施	第 27 章	•	
13	螺钉和连接	第 28 章	•	
14	电气间隙、爬电距离和固体绝缘	第 29 章	•	

三、国家监督抽查项目

监督抽查项目涉及的主要内容如下：

（1）对触及带电部件的防护

考核器具为防止使用者在使用或维护器具时，由于触及带电部件或基

本绝缘而导致致伤和致死事故发生而采取的措施。

（2）输入功率和电流

检验器具标定额定值是否符合要求，避免由于使用者在按照额定值选择的供电电源与器具实际输入差距较大而发生危险。

（3）工作温度下的泄漏电流和电气强度

泄漏电流是模拟器具运行到稳定状态，在器具运行时，当人接触产品外壳时经过流经人体的电流，若电流过大，则人体无法承受，将会带来触电危险。

电气强度主要考核器具运行到稳定状态，在工作温度下绝缘是否满足要求，绝缘一旦失效，将会直接对使用者造成电击伤害。

（4）耐潮湿

考核器具的电气绝缘能否承受正常使用中溢出的液体，以及可能出现的潮湿条件的影响。

（5）泄漏电流和电气强度

泄漏电流是模拟器具在受潮或淋水后，当人接触产品外壳时经过流经人体的电流，若电流过大，则人体无法承受，将会带来触电危险。

电气强度主要考核器具受潮或淋水后，其绝缘是否满足要求，绝缘一旦失效，将会直接对使用者造成电击伤害。

（6）稳定性和机械危险

考核器具在地面或工作台上运行时是否具有足够的稳定性，是否能够防止翻倒对使用者和周围环境造成机械伤害，或器具本身损伤到影响对本标准的符合性。

机械危险是指器具运行时，其运动部件应具备有效的防护措施，保障使用者不会触及运动部件。

（7）机械强度

考核外壳是否有一定的机械强度，使得在正常使用（包括粗鲁操作）时能够达到保护使用者安全、维持器具正常功能的目的。

（8）结构

主要考核内部结构的设计在防触电保护、承受水压、外壳防护、有害水影响绝缘、选用材料及外观等方面保障使用者和环境安全。

（9）内部布线

主要通过布线通路、支撑、维护保养中的应力处理、裸露内部布线的固定、运动部件对内部布线影响、绝缘、导线颜色、内部布线导体材质、接触压力等方面来考核。

（10）电源连接和外部软线

主要考核产品使用电源线和外部软线的规格、连接和固定方式等。

（11）外部导线用接线端子

主要考核器具接线端子或等效装置进行外部导线连接的有效性和可靠性，并应保障器具正常运行和使用者安全。

（12）接地措施

主要检验器具的接地系统是否连接可靠，连接线及端子尺寸是否满足接地的要求，若该项目检测不合格，说明在产生触电危险时由接地提供的保护将会失效，用户的触电危险将无法排除。

（13）螺钉和连接

主要考核器具机械连接应有效可靠，使用螺钉应保障连接的连续性和可维修性。

（14）电气间隙、爬电距离和固体绝缘

考核的是两个导电部件之间，或一个导电部件与器具的易触及金属表面之间的空间最短距离，即通过空气的绝缘距离是否足够。

考核两个导电部件之间，或一个导电部件与器具的易触及金属表面之间沿着绝缘材料表面允许的最短距离是否足够。

主要考核电气设备中在不同导电部件之间，作为绝缘的固体材料厚度是否符合相关标准要求。

四、抽查项目合格情况统计

2019 年—2021 年三年抽查发现的不合格项目略有差别。2019 年抽查

发现的不合格项目为工作温度下的泄漏电流和电气强度、稳定性和机械危险、电源连接和外部导线 3 个项目；2020 年抽查发现的不合格项目涉及对触及带电部件的防护，工作温度下的泄漏电流和电气强度，泄漏电流和电气强度，稳定性和机械危险，电气间隙、爬电距离和固体绝缘 5 个项目；2021 年抽查发现的不合格项目为结构。出现的对触及带电部件的防护、输入功率和电流、稳定性和机械危险、结构、接地措施均属于高频不合格项目，说明加湿器行业由于存在大量技术力量不强、不熟悉标准要求的小型和微型企业，所以需要对该行业加强日常监管。不合格项目情况详见表 4-2。

表 4-2　不合格项目情况

抽查任务	不合格项目数/个	不合格项目名称	单项不合格批次/批	单项合格率/%
2019 年抽查	3	工作温度下的泄漏电流和电气强度	2	93. 3
		稳定性和机械危险	2	93. 3
		电源连接和外部软线	2	93. 3
2020 年抽查	5	对触及带电部件的防护	2	93. 3
		工作温度下的泄漏电流和电气强度	1	96. 7
		泄漏电流和电气强度	1	96. 7
		稳定性和机械危险	2	93. 3
		电气间隙、爬电距离和固体绝缘	1	96. 7
2021 年抽查	1	对触及带电部件的防护	2	95. 7

五、加湿器质量提升措施

加湿器质量提升措施如下：

（1）加大市场监督抽查力度，在抽查中增加性能项目，同时加大抽查结果的宣传力度，增加监督抽查的震慑力。

（2）加大 GB/T 23332—2018《加湿器》的宣传力度，提高消费者的认知度，以及企业执行标准的自觉性，提高产品性能质量。

（3）结合各类抽查中发现的问题，组织技术研讨会主动宣传，提高消费者的质量安全意识，促进企业执行标准主动性和自觉性的提高。

（4）政府监管部门通过发布产品质量安全使用信息，提高消费者依据标志识别出产品质量水平，没有提供合格证明的商品不要购买。指导消费者科学使用加湿器产品，避免安全事故发生。

（5）开通投诉渠道，鼓励消费者参与产品质量监督。实施产品缺陷召回制度，倒逼企业完善质量管理体系，提高质量水平。

（6）为协调地方监督抽查与国家监督抽查的关系，应统一抽查方法和抽查依据，并应加强地方监督抽查的力度和范围，对国家抽查未涉及的地区和企业进行补充式的抽查，从根源上消除企业的侥幸心理。

（7）加大对生产零配件企业的监督和管理，对生产假冒伪劣零配件的工厂严加处罚，让整机的生产企业在零配件市场上无法采购到假冒伪劣的零配件，从根源上杜绝因零配件不合格导致的整机产品不合格。

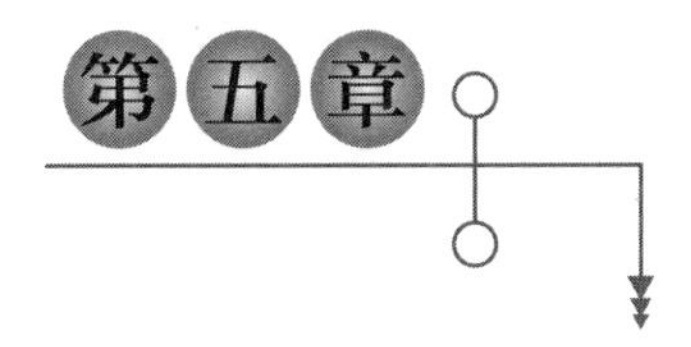

选购和使用指南

近年来，随着国民生活水平的不断提高，加湿器产品逐渐被广大消费者所接受。对于消费者来说，加湿器产品品牌众多，种类也较多，很多消费者对产品如何选购、使用、保养等方面都存在困惑。本章将从产品的适用人群、主要类型、型号规格、质量确认、日常维护保养等方面对加湿器产品做全面细致的讲解，为消费者对该产品的选购、使用和维护保养提供参考和指导。

第一节　选购

一、适用人群

北方的冬季为采暖季，室内空气干燥，消费者中大多数人明显感到口干舌燥，容易出现嘴唇干裂、咽喉鼻腔干燥，甚至引起干咳，引发上呼吸道感染等疾病。加湿器可以给室内空气加湿，缓解干燥，成为居家必备电器之一。但是，不同人群，加湿需求不同。在选购时要按需选择，避免盲目和冲动消费。

1. 对于儿童

孩子抵抗力低，对环境湿度敏感，湿度过高或过低都容易引起呼吸道疾病，同时空气中微尘、细菌也会威胁其健康。建议选择有恒湿净化功能的加湿器，恒湿可将室内湿度恒定在舒适湿度，避免太湿引起细菌滋生，太干引起喉咙痒痛。净化即配备杀菌功能。UV 或银离子杀菌可将水雾中的细菌杀灭，保证室内空气的健康清新。

2. 对于老人

老年人肌肤薄，极其脆弱，又容易流失水分，天气干燥易起皮、干裂，重者有可能发生皲裂，添置加湿器可及时为其肌肤补充水分。但老年人多半行动不便，对于产品的使用能力不强，可选购功能简单，上水简单的加湿器，以方便老年人的使用。

3. 对于上班族

消费者一般对着电脑，空调或暖气常开，肌肤水分成倍流失。建议选择有除味功能的加湿器。配置负离子和活性炭，解决因无法换气引起的异味和空气差问题。负离子可以还原污染气体，净化空气，中和带正电的空气飘尘等有害杂质，使呼吸的空气保持洁净。

二、类型选择

市场在售的加湿器产品种类繁多、更新换代较快，致使消费者对器具的使用功能、结构特点、规格分类都不是很了解。下面简单介绍下加湿器的分类，并根据不同类型进行具体分析。

1. 加湿器按照加湿方式分类

（1）超声波式加湿器

超声波式加湿器是指通过超声波将水雾化，并将水雾分散到空气中的加湿器。超声波发生器是超声波加湿器的重要组成部分，超声波发生器质量的好坏直接关系到产品的加湿效果，建议消费者按照产品使用说明定期进行清洗，使用软毛巾或者棉签清洗超声波发生器表面，若超声波发生器表面有较厚的水垢时，机器会降低雾化效果甚至出现不加湿的情况。超声波加湿器的加湿效率要远远高于电热式加湿器，比较省电。

（2）蒸发式加湿器

蒸发式加湿器是指在风机的作用下使蒸发水分扩散到空气中的加湿器。蒸发式加湿器在加湿的过程中，无白粉污染，并有降温和净化空气的效果。蒸发式加湿器的蒸发器对加湿量起着至关重要的作用，消费者要按照使用说明定期清洁保养或者更换蒸发器，另外加湿器所添加水的水质好坏直接影响蒸发器的使用寿命，所以消费者使用加湿器时应添加符合产品水质要求的水。

（3）电热式加湿器

电热式加湿器是指通过电加热的方式使水汽化，产生蒸汽的加湿器。电热式加湿器性能稳定可靠。现在通过技术革新，已基本解决结垢问题，可实现开关双位控制、时间比例控制、可控硅（SCR）移相控制，接受各种标准控制信号。缺点是因产品加热功率较大，导致其加湿效率往往较低。

（4）复合式加湿器

复合式加湿器是指同时使用两种或两种以上原理实现加湿功能的加湿器。此类器具也比较普遍，常见的有电热蒸发式加湿器。采用电热式和蒸发式两种加湿处理方式进行空气加湿。

2. 加湿器按照功能分类

（1）单一功能加湿器

单一功能加湿器是指仅有加湿功能的加湿器。随着人们生活水平的提高，对加湿器产品的要求不仅仅是空气加湿这一项，单一加湿功能的加湿器逐渐被淘汰。

（2）功能组合一体机

功能组合一体机是指同时具有加湿功能和其他功能的一体机。例如：空气净化加湿一体机、空气调节加湿一体机、新风加湿一体机等。多功能的加湿器是消费者对加湿器产品的新需求。

三、规格选择

加湿器产品按照 GB/T 23332—2018《加湿器》和 GB 4706.48—2009

《家用和类似用途电器的安全　加湿器的特殊要求》的相关要求进行型号命名，并在铭牌上明示产品主要参数等。

1. 铭牌

加湿器上的铭牌应可以给使用者提供具体信息，从而指导使用者正确安全地使用器具。加湿器产品的铭牌应具有如下信息：

——额定电压或额定电压范围，单位为伏（V）；

——电源性质符号，标有额定频率的除外；

——额定输入功率，单位为瓦（W）或额定电流，单位为安（A）；

——制造商或责任承销商的名称、商标或识别标识；

——器具型号或系列号；

——防水等级的 IP 代码，IPX0 可不标出；

——对电极式加湿器，应标注额定输入功率。

2. 规格

加湿器的型号中以产品额定加湿量表示。

3. 型号含义

加湿器的型号及其含义如下：

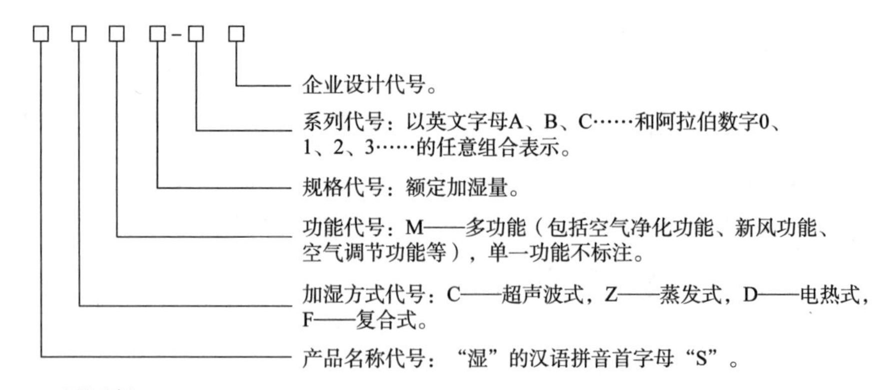

型号示例：

SZM500-21AC01 即额定加湿量为 500 mL/h 的 21AC 系列带有蒸发加湿功能的多功能一体机，企业设计代号为 01。

四、质量确认

1. 安全

随着互联网、大数据、AI 技术的迅猛发展，智能音箱、智能洗碗机、智能饮水机、智能加湿器等智能化小家电开始融入消费者生活的方方面面，让人们能轻松便捷地享受生活。时下，人们对生活品质、消费升级的追求日新月异，加湿器成为改善家居环境不可缺少的一款小型家电产品。

越来越多的产品面向消费者，随之带来的就是安全问题。目前，国家 3C 认证目录中不包括加湿器产品，对于加湿器的安全性，该产品应符合 GB 4706.1《家用和类似用途电器的安全　第 1 部分：通用要求》和 GB 4706.48《家用和类似用途电器的安全　加湿器的特殊要求》的要求。以上标准是强制性标准，产品必须执行，如产品包装或使用说明中没有提到相关标准，可认为是存在危险的不合格产品，不建议购买。铭牌或说明书明确标注了安全标准，也不是说该产品就是没有问题的。对于一个产品是否符合安全标准要求，消费者可向卖家索要权威机构出具的安全测试报告以便查明。

2. 性能

GB/T 23332—2018《加湿器》于 2019 年 7 月 1 日正式实施。国家标准中考核加湿器的主要性能指标有安全、外观、加适量、加湿效率、噪声、软水器及水位保护功能、耐久性、整机渗漏、抗菌防霉等。

加湿器的主要目的是调节房间湿度以使人感受舒适，加湿量是加湿器的一个核心的性能指标。加湿量的大小直接反应器具的加湿能力，而产品加湿量大小与价格直接挂钩。某些商家想走捷径，虚标加湿量参数以谋取利益，为了避免以上现象的发生，在国标中对于各种类型加湿器的加湿量测试方法进行了完善和明确，规范了行业的发展。

随着国民生活水平的不断提高，消费者的健康意识越来越强，具有健康功能的加湿器也越来越多，国家标准增加了抗菌、防霉、除菌等方面的测试方法，为加湿器的健康功能提供了评价依据，填补了行业的空白，体现出了国家标准的先进性，对今后加湿器产品的健康有序发展提供了技术支持。

消费者在选购加湿器产品时，应优先选择通过国家标准检测的产品，保证产品的使用性能。针对部分高要求的消费者，“A^+认证”的出现显然帮助消费者解决了这个问题。“A^+认证”以国际先进水平为目标，用量化指标较好地体现了当前供给侧结构性改革的要求。

“A^+认证”是产品性能认证的一种，是对高性能产品质量的确认和证明。实现了用先进标准推动家电制造的升级，鼓励企业提高产品性能质量和技术水平，为消费者选购提供参考依据，引导消费者合理选购加湿器产品。

3. 健康

初冬，北方开始供暖了，一年中最干燥的气候开始了。这个时候加湿器就显得尤为重要了。北方冬季许多人70%~90%的时间都是在室内度过，室内的空气质量好坏对身体健康的影响可想而知。随着“后疫情”时代的到来，消费者对自身的健康意识越来越强，具有健康功能的加湿器应运而生，并在市场端受到了消费者的青睐。有此类功能的加湿器，抑制大肠杆菌、金黄色葡萄球菌、白色念珠菌等细菌以及真菌等有害病菌的堆积滋生，能让有害病菌的蛋白质凝固，丧失分裂增殖能力并死亡，从而达到抗菌作用。喷出的水雾没有了病菌，人体的皮肤、鼻腔黏膜感觉舒适，呼吸道更加健康，减少加湿疾病的概率。使加湿器成为一个有助于人类健康的产品。

第二节　使用指南

消费者在使用加湿器时，需要关注以下问题。

一、使用基本知识

随着科技的进步，加湿器的功能越来越多，结构越来越复杂。消费者在使用加湿器前应仔细阅读产品使用说明书，严格按照产品使用说明书中的规定使用，如果器具使用不当，不仅会影响加湿器的使用效果和寿命，甚至可能会发生火灾、触电等安全事故。

以下是加湿器使用时的常识，供使用者参考：

（1）加湿器宜在 5 ℃~40 ℃，相对湿度<80%的环境条件下使用。

（2）使用加湿器前，请确认使用电源是否与产品说明书中规定的额定电压、功率匹配。

（3）请勿湿手插拔电源线插头，以免发生触电危险。

（4）加湿器应放置在稳固的水平地面或者桌面，避免器具倾斜导致水流出机外。

（5）请勿将加湿器摆放在水源附近，应放置在远离家具、电器的位置。

（6）加湿器应放置在远离火炉等热源的地方，并应避免阳光直晒。

（7）加湿器使用时禁止遮挡进风、出风、出雾口，保持出风口、出雾口通畅，以免造成产品损坏。

（8）加湿器工作时请勿触碰水槽中的水或水中部件。

（9）加湿器缺水时，请勿从出风口或出雾口加水。

（10）如插头、电源线或器具本身出现破损，请勿继续使用，及时维修。

（11）避免儿童玩耍器具，以免造成儿童触电和产品损坏。

（12）按照产品使用说明书的水质要求，添加符合要求的水，以免影响使用效果。

（13）请勿在加湿器的水箱中加入非产品使用说明书中允许的添加剂。如香精、香料、香水等，以免给使用者造成呼吸道感染或发生窒息等危害身体健康的情况。

（14）请勿用水直接冲淋加湿器。

（15）如加湿器使用时，出现异常现象，如火花、烧焦味，应立即停止运行并切断电源。

（16）加湿器使用中出现倾倒，水箱水溢出时，应立即切断电源，以免发生触电危险。

（17）雷雨天气请勿使用，应切断电源。

二、日常维护保养

加湿器具有长时间工作的特点。正确的日常维护和保养不仅能够保证加湿器的使用性能不下降，而且有助于延长产品的使用寿命，减少故障的发生。

以下是加湿器日常维护与保养的建议，供使用者参考：

（1）加湿器移动、清洁、保养前，请务必关闭电源，拔掉电源插头。

（2）加湿器按照使用说明书定期对水箱、蒸发器、超声波发生器等部件进行清洁。

（3）使用耗材（如软水装置、蒸发器、过滤器等）的加湿器，按照使用说明书定期对耗材进行更换。

（4）对加湿器进行清洁时，应避免水流入器具内部，以免损坏内部元器件。

（5）为避免细菌的滋生，应经常更换水箱、水槽中的水。

（6）当器具电源线损坏后，为避免危险，请勿私自更换，应由专业人员更换。

（7）当加湿器出现破损或老化等现象时，使用者切勿擅自拆解、改装、维修内部部件。

（8）加湿器长时间不使用时，应关闭电源、拔掉电源插头。将水箱内的水排空，清洗水箱和蒸发器。晾干后重新装回加湿器内，将加湿器包装好，直立储存在干燥通风处。

三、故障维修

对于非器具本身的故障情况，消费者可根据实际情况进行简单处理。当产品工作指示灯未亮，没有加湿效果时，检查电源插头是否插好。对于超声波加湿器当指示灯亮起，无雾有风时，检查水箱中有无足够的水或查看产品的水位浮子是否处在非正常位置上。当超声波加湿器喷出的雾量较小时，查看水箱内是否有脏污，雾化片是否有积垢等。当加湿器出现因为未定期维护保养而不能正常工作时，应按照产品使用说明书及时清理。当产品出现溢水现象时，检查水箱是否安装妥当，检查水箱出口位置密封是否完好。对于某些智能型加湿器，需要按照产品使用说明书的要求进行安装连接，如自行安装可能会发生器具保护装置启动，造成产品无法运行。

附件　相关标准
ICS 13.260
K 09

中华人民共和国国家标准

GB 4706.48—2009/IEC 60335-2-98:2005(Ed 2.1)
代替 GB 4706.48—2000

家用和类似用途电器的安全 加湿器的特殊要求

Household and similar electrical appliances—Safety—Particular requirements for humidifers

(IEC 60335-2-98:2005(Ed 2.1),IDT)

2009-03-19 发布　　2010-05-01 实施

中华人民共和国国家质量监督检验检疫总局
中国国家标准化管理委员会　发布

前　　言

本部分的全部技术内容为强制性。

本部分等同采用 IEC 60335-2-98:2005《家用和类似用途电器的安全　第2部分:加湿器的特殊要求》。本部分应与 GB 4706.1—2005《家用和类似用途电器的安全　第1部分:通用要求》配合使用。

本部分中写明“适用”的部分,表示 GB 4706.1—2005 中的相应条文适用于本部分;本部分写明“代替”的部分,则以本部分中的条文为准;本部分写明“增加”的部分,表示除要符合 GB 4706.1—2005 中的相应条文外,还必须符合本部分条文中所增加的条文。

为便于使用,本部分对 IEC 60335-2-98 作了下列编辑性修改:

“第1部分”一词改为“GB 4706.1—2005”。

本部分是对 GB 4706.48—2000《家用和类似用途电器的安全　加湿器的特殊要求》的修订。

本部分与 GB 4706.48—2000 相比,主要变化如下:

——第1章增加电压范围,注1中增加了适用范围,注2中删去了热带地区使用的注意情况,注3中不适用范围增加了液体加热器;

——3.1.6 增加了注释;

——7.1 增加电极式加湿器应标注额定输入功率;

——7.12 增加说明书应包括除垢细节;

——第10章删去了测量电极式加湿器的最大输入功率和最大输入电流;

——22.103 中两极断开距离修改为满足过电压类别Ⅲ条件下的全极断开;

——增加 29.2;

——删去了 GB 4706.48—2000 中的 30.3。

本部分由中国轻工业联合会提出。

本部分由全国家用电器标准化技术委员会归口。

本部分主要起草单位:中国家用电器研究院、美的集团有限公司、北京亚都室内科技股份有限公司。

本部分主要起草人:鲁建国、刘开、陈卉、魏国庆、朱焰。

本部分于2000年首次发布,本次为第一次修订。

IEC 前言

1） 国际电工委员会（IEC）是由所有的国家电工委员会(IEC NC)组成的国际范围的标准化组织。其宗旨是促进在电气和电子领域有关标准化问题上的国际合作。为此,IEC 开展相关活动,并出版国际标准、技术规范、技术报告、公共可用规范(PAS)、指南(以后统称为 IEC 出版物)。这些标准的制定委托各技术委员会完成。任何对该技术问题感兴趣的 IEC 国家委员会均可参加制定工作。与 IEC 有联系的国际、政府及非政府组织也可以参加标准的制定工作。IEC 与国际标准化组织(ISO)在两个组织协议的基础上密切合作。

2） IEC 在技术方面的正式决议或协议,是由对其感兴趣的所有国家委员会参加的技术委员会制定的。因此,这些决议或协议都尽可能表述了相关问题在国际上的一致意见。

3） IEC 标准以推荐性的方式供国际使用,并在此意义上被各国家委员会接受。在为了确保 IEC 出版物技术内容的准确性而做出任何合理的努力时,IEC 对其标准被使用的方式以及任何最终用户的误解不负有任何责任。

4） 为了促进国际上的统一,各国家委员会要保证在其国家或区域标准中最大限度地采用国际标准。IEC 标准与相应的国家或区域标准之间的任何差异必须清楚地在后者中表明。

5） IEC 规定了表示其认可的无标志程序,但并不表示对某一设备声称符合某一标准承担责任。

6） 所有的使用者应确保他们拥有本部分的最新版本。

7） IEC 或其管理者、雇员、后勤人员或代理(包括独立专家和技术委员会的成员)和 IEC 国家委员会不应对使用或依靠本 IEC 出版物或其他 IEC 出版物造成的任何个人伤害、财产损失或其他任何属性的直接或间接损失,或源于本出版物之外的成本(包括法律费用)和支出承担责任。

8） 应注意在本部分中罗列的引用标准（规范性引用文件）。对于正确使用本部分来讲，使用引用标准（规范性引用文件）是不可缺少的。

9） 应注意本国际标准的某些条款可能涉及专利权的内容，IEC 将不承担确认专利权的责任。

国际标准 IEC 60335 的本部分由 IEC 第 61 技术委员会“家用和类似用途电器的安全”制定。

经过整理的 IEC 60335-2-98 的本版本是基于第二版（2002）[文件 61/2231/FDIS 和 61/2306/RVD]和它的第 1 增补件（2004）[文件 61/2746/FDIS 和 61/2797/RVD]形成的。

本部分的版本号为 2.1。

页边空白处的竖线表示在该处基本出版物已经被第 1 增补件修改。

本部分的法文版未进行投票表决。

这本双语对照版（ 2005-10 ）取代英文版本。

本部分应与 IEC 60335-1 及其增补件的最新版本配合使用。本部分是根据 IEC 60335-1 的第 4 版（2001）制定的。

注 1：本部分中提到的“第 1 部分”是指 IEC 60335-1。

本部分增补或修改了 IEC 60335-1 的相应条款，从而将其转化为本部分：加湿器的特殊要求。

凡第一部分中的条款没有在本部分中特别提及的，只要合理，即应采用。本部分写明“增加”、“修改”或“替代”时，第一部分中的有关内容须作相应修改。

注 2：使用下列编号方式

——在 GB 4706.1—2005 的基础上增加的条款、表格、图表从 101 开始；

——除了新增条款的注释，以及与 GB 4706.1—2005 相关的注释，其他编号都要从 101 开始，包括那些被替代的章节与条款；

——增加的附录用字母 AA、BB 等标明。

注 3：采用下列字体表示

——要求：印刷体。

——试验规程：斜体。

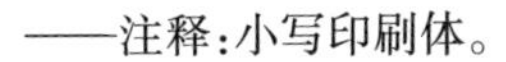

——注释:小写印刷体。

某些国家存在下述差异:

——第 1 章:只有打算永久连接到固定布线的情况下,才允许使用电极型器具(荷兰)。

——7. 12. 1:最小额定压力为 1. 0 MPa(丹麦、瑞典和挪威)。

——24. 101:此项要求不适用(美国)。

委员会决定,在 IEC 网站“http://webstore. iec. ch”指定的保持结果日期之前,基本出版物和其增补件的相关内容中与特殊出版物有关的数据保持不变。在此日期,出版物将:

- 重新确认;
- 撤消;
- 被一个修订版标准取代;
- 被修正。

引　　言

在起草本部分时已假定,由取得适当资格并富有经验的人来执行本部分的各项条款。

本部分所认可的是家用和类似用途电器在注意到制造商使用说明的条件下按正常使用时,对器具的电气、机械、热、火灾以及辐射等危险防护的一个国际可接受水平,它也包括了使用中预计可能出现的非正常情况,并且考虑电磁干扰对于器具的安全运行的影响方式。

在制定本部分时已经尽可能地考虑了 GB 16895 中规定的要求,以使得器具在连接到电网时与电气布线规则的要求协调一致。

如果一台器具的多项功能涉及 GB 4706 的第 2 部分中不同的特殊要求,则只要是在合理的情况下,相关的第 2 部分特殊要求标准要分别应用于每一功能。如果适用,应考虑到一种功能对其他功能的影响。

本部分是一个涉及器具安全的产品族标准,并在覆盖相同主题的同一水平和同一类别的标准中处于优先地位。

一个符合本部分文本的器具,当进行检查和试验时,发现该器具的其他特性会损害本部分要求所涉及的安全水平时,则将未必判定其符合本部分中的各项安全准则。

产品使用了本部分要求中规定以外的各种材料或各种结构形式时,则该产品可以按照本部分中这些要求的意图进行检查和试验。如果查明其基本等效,则可以判定其符合本部分要求。

家用和类似用途电器的安全
加湿器的特殊要求

1 范围

GB 4706.1—2005 中的该章用下述内容代替：

本部分涉及单相器具额定电压不超过 250 V，其他器具额定电压不超过 480 V 的家用和类似用途电加湿器的安全。

注 1：以下器具在适用范围内：

——雾化水的器具；

——由加热蒸发水的器具；

——使空气吹过潮湿介质的器具。

不作为一般家用，但对公众仍可能引起危险的加湿器，例如打算在商店、轻工业和农场中由非专业的人员使用的加湿器也属于本标准的范围。

就实际情况而言，本部分所涉及的加湿器存在的普通危险，是在住宅和住宅周围环境中所有的人可能会遇到的。

然而，一般来说本部分并未涉及：

——无人照看的幼儿和残疾人使用器具时的危险；

——幼儿玩耍器具的情况。

注 2：注意下述情况：

——对于打算用在车辆、船舶或航空器上的加湿器，可能需要附加要求；

——在许多国家中，全国性的卫生保健部门、全国性劳动保护部门以及类似的部门都对器具规定了附加要求。

注 3：本部分不适用于：

——液体加热器（GB 4706.19）；

——打算使用在加热、通风或空气调节系统的加湿器（IEC 60335-2-88）；

——医用电气设备（GB 9706.1）；

——工业专用的器具；
——打算使用在经常产生腐蚀性或爆炸性气体(如灰尘、蒸气或瓦斯气体)特殊环境场所的加湿器。

2 规范性引用文件

GB 4706.1—2005 中的该章适用。

3 定义

GB 4706.1—2005 中的该章除下述内容外，均适用。

3.1.6 增加：

注：对于电极式加湿器，如果没有为器具规定电流，则额定电流是通过额定的电压和运行期间内第一个 2 min 输入功率的平均值计算，器具以额定电压在正常工作条件下运行。

3.1.9 代替：

正常工作 normal operation

器具要在下述条件下工作：

按照使用说明的要求，器具注入最大量的水。除非加湿器连接到供水管道，并且加水是自动控制的。

电极式加湿器，水的电阻率在 20 ℃时应约为 500 Ω · cm。

注：导电率可由在水中加氯化钠获得。

3.101

电极式加湿器 electrode-type appliance

通过电流流过导电性液体将液体加热的器具。

4 一般要求

GB 4706.1—2005 中的该章适用。

5 试验的一般条件

GB 4706.1—2005 中的该章除下述内容外，均适用。

5.6 增加：

湿度调节器被短路或使其不起作用。

6 分类

GB 4706.1—2005 中的该章适用。

7 标志和说明

GB 4706.1—2005 中的该章除下述内容外，均适用。

7.1 修改：

电极式加湿器应标注额定输入功率。

增加：

手动注水的器具，应有一个水位标志或其他方式表示其已被冲注至额定容量，除非超过额定容量的水注不进去。器具注水时这个标志应是可见的。

如果水蒸气的温度超过 60 ℃，器具应标出下列内容：

注意：烫的水蒸气

7.12 增加：

说明书应包括注水清洗和除垢的细节。

说明书应声明下述内容：

——由于会喷出烫的水蒸气，请小心使用器具；

——注水和清洁时拔掉电源插头。

电极式加湿器使用说明书应包括：

——所用溶液的用量及成分，如果使用盐水，应警告不能用盐过量；

——不能使用直流电源。

7.12.1 增加：

连接到供水管线的器具在安装说明中应标明允许的最大水压，单位以 Pa 表示。

8　对触及带电部件的防护

GB 4706.1—2005 中的该章适用。

9　电动器具的启动

GB 4706.1—2005 中的该章不适用。

10　输入功率和电流

GB 4706.1—2005 中的该章除下述内容外,均适用。

10.1　增加:

电极式加湿器不限制负偏差。

11　发热

GB 4706.1—2005 中的该章除下述内容外,均适用。

11.4　修改:

电极式加湿器在 1.06 倍额定电压下工作。

增加:

如果装有电动机、变压器或电子电路的器具温升超过限定值,且输入功率低于额定输入功率,器具在 1.06 倍额定电压下重复试验。

11.6　代替:

组合型器具按照电热器具操作。

11.7　代替:

器具运行至稳定状态。

11.8　增加:

当器具在 1.15 倍额定输入功率下工作时,电动机、变压器或电子电路的元件及直接受它们影响的零部件的温升有可能超过它们各自的温升限定值。

12　空章

13　工作温度下的泄漏电流和电气强度

GB 4706.1—2005 中的该章除下述内容外，均适用。

13.1　修改：

电极式加湿器在 1.06 倍额定电压下工作。

13.2　增加：

对电极式加湿器测量放置在蒸汽中距出口 10 mm 处的金属网与易触及部件（包括金属箔）之间的泄漏电流。

泄漏电流不应超过 0.25 mA。

14　瞬态过电压

GB 4706.1—2005 中的该章适用。

15　耐潮湿

GB 4706.1—2005 中的该章除下述内容外，均适用。

15.2　增加：

如有怀疑，溢水试验在器具偏离正常使用位置的角度不应超过 5°的条件下进行。

打算直接与水源连接的器具，运行至达到最高水位。进水阀保持打开状态，并在第一次有溢水迹象后再继续注水 15 min，或者直到由其他装置自动停止注水为止。

16　泄漏电流和电气强度

GB 4706.1—2005 中的该章适用。

17　变压器和相关电路的过载保护

GB 4706.1—2005 中的该章适用。

18 耐久性

GB 4706.1—2005 中的该章不适用。

19 非正常工作

GB 4706.1—2005 中的该章除下述内容外，均适用。

19.2 增加：

电极式加湿器进行试验时，水箱内注入(20±5)℃的氯化钠(NaCl)饱和溶液，器具以额定电压供电。

注：饱和溶液指食盐不再溶解时的水溶液。

19.3 增加：

此项试验不适用于电极式加湿器。

19.4 修改：

器具注入刚好覆盖发热元件的水。

关闭风扇。

20 稳定性和机械危险

GB 4706.1—2005 中的该章适用。

21 机械强度

GB 4706.1—2005 中的该章适用。

22 结构

GB 4706.1—2005 中的该章除下述内容外，均适用。

22.6 增加：

排水孔直径至少为 5 mm，或者最小尺寸为 3 mm，截面积至少为 20 mm^2。

通过测量确定是否合格。

22.33 修改:

液体若使用电极加热,则液体可以直接和带电部件接触。

22.101 装有加热水装置器具的蒸汽出口处应能避免可能引起容器内压力明显升高的阻塞。水箱应通过开口直径至少为 5 mm,或最小尺寸为 3 mm,截面积至少为 20 mm^2 的孔与大气连通。

通过视检和测量确定是否合格。

22.102 安装在墙壁上的器具应通过独立于水源连接的可靠措施固定在墙壁上。

通过视检确定是否合格。

22.103 电极式加湿器的结构应确保,当水箱注水口打开时,两电极断开以提供过电压类别Ⅲ条件下的全极断开。

本要求不适用于需取下一个器具连接器才可以注水的器具。

通过视检确定是否合格。

22.104 打算连接到水源的器具应能承受正常使用所要求的水压。

通过将器具连接到水压等于两倍最大进口水压或 1.2 MPa 的水源。两者取其较高者,经受 5 min 试验,来确定是否合格。

承受水压的部件应无泄漏。

23 内部布线

GB 4706.1—2005 中的该章适用。

24 元件

GB 4706.1—2005 中的该章除下述内容外,均适用。

24.101 装在器具中使其符合第 19 章要求的热断路器,不应是自复位的。

通过视检确定是否合格。

25 电源连接和外部软线

GB 4706.1—2005 中的该章适用。

26 外部导线用接线端子

GB 4706.1—2005 中的该章适用。

27 接地措施

GB 4706.1—2005 中的该章适用。

28 螺钉和连接

GB 4706.1—2005 中的该章适用。

29 电气间隙、爬电距离和固体绝缘

GB 4706.1—2005 中的该章除下述内容外，均适用。

29.2 增加：

电极式加湿器，支撑电极绝缘的微观环境为 3 级污染。

30 耐热和耐燃

GB 4706.1—2005 中的该章除下述内容外，均适用。

30.2.2 不适用。

31 防锈

GB 4706.1—2005 中的该章适用。

32 辐射、毒性和类似危险

GB 4706.1—2005 中的该章适用。

附　　录

GB 4706.1—2005 中的附录适用。

参 考 文 献

GB 4706.1—2005 中的参考文献除下述内容外,均适用。

增加:

IEC 60335-2-88　家用和类似用途电器的安全　用于加热、通风或空气调节系统的加湿器的特殊要求

ICS 97.180
Y 62

中华人民共和国国家标准

GB/T 23332—2018
代替 GB/T 23332—2009

加　　湿　　器

Humidifiers

2018-12-28 发布　　　　2019-07-01 实施

国家市场监督管理总局
中国国家标准化管理委员会　发布

前 言

本标准按照GB/T 1.1—2009给出的规则起草。

本标准代替GB/T 23332—2009《加湿器》。本标准与GB/T 23332—2009相比,除编辑性修改外主要技术变化如下:

——修改了标准适用范围(见第1章,2009年版第1章);

——增加了GB/T 7477、GB 21551.2—2010、GB/T 23119等标准(见第2章),删除了GB/T 13306、GB/T 2829等标准(见第2章,见2009年版第2章);

——修改了"蒸发式加湿器"、"电热式加湿器"等定义(见3.1.2和3.1.3,2009年版的3.3和3.4);删除了"光波式加湿器"、"普通型加湿器"、"自动控制型加湿器"、"主机"、"水箱"、"开放式水箱"、"封闭式水箱"、"水位保护功能"、"蒸发芯(器)使用寿命"、"水质硬度"、"初始硬度"和"软化水硬度"等术语和定义(见2009年版3.5、3.10、3.11、3.12、3.13、3.14、3.15、3.18、3.19、3.21、3.22和3.23);增加了"功能组合一体机"的定义(见3.1.5);

——修改了加湿器的分类和型号命名(见第4章,2009年版第4章);

——增加了使用条件的注释、软水器及水位保护功能、耐久性、抗菌和防霉等内容及限值、额定水箱容量(见5.1、5.8、5.9、5.11和5.12);删除了使用水条件、"一般要求"中对于产品制造程序的要求、试运转要求、水位指示(显示)、蒸发芯(器)使用寿命、蒸发芯(器)更换指示、湿度显示误差、软水器功能要求、包装防护功能(见2009年版5.1.2、5.2.1、5.5、5.10、5.11、5.12、5.13、5.15和5.16);修改了外观要求(见5.4,2009年版5.4)、加湿量要求(见5.5,2009年版5.6)、不同种类加湿器"加湿效率"等级(见5.6,2009年版5.7)、噪声限值(见5.7,2009年版5.8);

——增加了软水器及水位保护功能、耐久性、抗菌、防霉和除菌、水箱容量试验方法(见6.8、6.9、6.11和6.13);删除了试运转试验、水位指示(显示)、蒸发芯(器)使用寿命、蒸发芯(器)更换指示、湿度显示误差、软水器功能要求、包装防护功能(见2009年版6.5、6.10、6.11、6.12、6.13、6.15和6.16);修改了试验条件(见6.1,2009年版6.1)、仪器条件(见6.2,2009年版6.2)、加湿效率的试验方法(见6.6,2009年版6.7)、整机渗漏试验(见6.10,2009年版6.14);

——修改了出厂检验(见7.2、2009年版7.4)和型式试验(见7.3,2009年版7.5);删除了检验规则、检验说明(见2009年版7.1和7.2);

——修改了"使用说明"的内容(见8.3,2009年版8.3);

——增加了"规格和型号命名方法"和"加湿器除菌试验方法"(见附录A和附录E);

——修改了"加湿量的测定方法"(见附录B,2009年版附录A);

——修改了"软水器性能试验方法"(见附录D,2009年版附录C)。

本标准由中国轻工业联合会提出。

本标准由全国家用电器标准化技术委员会(SAC/TC 46)归口。

本标准起草单位:中国家用电器研究院、珠海格力电器股份有限公司、飞利浦(中国)投资有限公司、佛山市南海科日超声电子有限公司、广东松下环境系统有限公司、北京亚都环保科技有限公司、佛山市顺德区阿波罗环保器材有限公司、欧兰普电子科技(厦门)有限公司、大金空调(上海)有限公司、佛山市金星徽电器有限公司、戴森贸易(上海)有限公司、清华大学、上海飞科电器股份有限公司、北京智米科技有限公司、广州工业微生物检测中心、北京零微科技有限公司、国家家用电器质量监督检验中心。

本标准主要起草人:马德军、朱焰、吴畏、孔涛、叶卫忠、刘民、吴秀玲、韩曙鹏、钟耀武、徐金波、宋立强、罗俊华、戴涛国、孔颖、莫金汉、霍雨佳、赵广展、陈安居、张庆玲、杜少平、于书权。

本标准的历次版本发布情况为:

——GB/T 23332—2009。

加　　湿　　器

1　范围

本标准规定了加湿器的术语和定义、分类和型号命名、技术要求、试验方法、检验规则、标志、包装、使用说明、运输和贮存。

本标准适用于家用和类似用途的加湿器。本标准也适用于带有加湿功能的空气净化器或空气调节器等类似器具的加湿功能的评价。

注意下述情况使用的加湿器可能需要附加要求：

——交通工具（如车辆、船舶、飞机等）上使用的加湿器。

本标准不适用于：

——专门为工业用途设计的加湿器；

——在腐蚀性和爆炸性气体（如粉尘、蒸汽和瓦斯气体）特殊环境场所使用的加湿器；

——具有医疗用途的加湿器。

2　规范性引用文件

下列文件对于本文件的应用是必不可少的。凡是注日期的引用文件，仅注日期的版本适用于本文件。凡是不注日期的引用文件，其最新版本（包括所有的修改单）适用于本文件。

GB/T 191　包装储运图示标志

GB/T 1019　家用和类似用途电器包装通则

GB/T 2828.1　计数抽样检验程序　第1部分：按接收质量限（AQL）检索的逐批检验抽样计划

GB/T 4214.1—2017　家用和类似用途电器噪声测试方法　通用要求

GB 4706.1　家用和类似用途电器的安全　第1部分：通用要求

GB 4706.48　家用和类似用途电器的安全　加湿器的特殊要求

GB 4789.2　食品安全国家标准　食品微生物学检验　菌落总数测定

GB/T 4857.5　包装　运输包装件　跌落试验方法

GB/T 5296.2　消费品使用说明　家用和类似用途电器

GB/T 5750.4　生活饮用水标准检验方法　感官性状和物理指标

GB/T 7477　水质　钙和镁总量的测定　EDTA 滴定法

GB 21551.2—2010　家用和类似用途电器的抗菌、除菌、净化功能　抗菌材料的特殊要求

GB/T 23119　家用和类似用途电器　性能测试用水

3　术语和定义

下列术语和定义适用于本文件。

3.1

加湿器　humidifier

由电力驱动、增加空气相对湿度的器具。

3.1.1

超声波式加湿器　ultrasonic humidifier

通过超声波将水雾化，并将水雾分散到空气中的加湿器。

3.1.2

蒸发式加湿器　evaporative humidifier

在风机的作用下使蒸发水分扩散到空气中的加湿器。

注：包括通过离心力将水甩成微粒并吹散在空气中的离心式加湿器。

3.1.3

电热式加湿器　electrical heating humidifier

通过电加热的方式使水汽化，产生蒸汽的加湿器。

注：包括用电极加热水，使水汽化的电极式加湿器。

3.1.4

复合式加湿器　hybrid humidifier

同时使用上述任意两种或两种以上原理实现加湿功能的加湿器。

3.1.5

功能组合一体机　multifunctional humidifier

同时具有加湿功能和其他功能的一体机。

注：如空气净化加湿一体机、空气调节加湿一体机、新风加湿一体机等。

3.2

额定加湿量　rated output of humidity

在额定工作条件下，加湿器在最大加湿状态，1 h 雾（汽）化水的能力。

3.3

加湿效率　efficiency of humidify

在额定工作条件下，加湿器单位功耗所产生的加湿量。

3.4

额定水箱容量　water tank capacity

水箱加水到规定刻度（无刻度水箱加满）时所容纳的水量。

3.5

水槽　water tray

除水箱外用于盛装直接加湿用水的容器。

3.6

软水器　water softener

一种能有效除去水中的钙、镁离子，降低水质硬度的装置。

4　分类、规格和型号命名

4.1　分类

4.1.1　按加湿方式分为：

a）　超声波式加湿器；

b） 蒸发式加湿器；

c） 电热式加湿器；

d） 复合式加湿器。

4.1.2 按功能组合分为：

a） 单一功能加湿器；

b） 功能组合一体机。

4.2 规格和型号

参见附录 A。

5 技术要求

5.1 使用条件

器具的使用条件应满足：

a） 环境温度：10 ℃～40 ℃；

b） 环境湿度：相对湿度不大于 80%（温度为 25 ℃）。

注：使用说明书有规定时，按规定条件运行。

5.2 一般要求

主要零部件应采用安全、无害、无异味、不造成二次污染的材料制造，并坚固耐用。

5.3 安全

器具应符合 GB 4706.1 和 GB 4706.48 的要求。

5.4 外观

器具表面应平整光滑、色泽均匀、耐老化，不得有裂纹、气泡、缩孔等缺陷。

5.5 加湿量

实测加湿量应不低于额定加湿量的 90%。

5.6 加湿效率

加湿器加湿效率应不低于 D 级。

加湿效率由高到低分为 A、B、C、D 四个等级，具体指标见表 1。

表 1　加湿效率分级一览表

加湿效率等级	加湿效率 η/[mL/(h·W)]			
	超声波式	蒸发式及复合式	电热式	功能组合一体机
A	$\eta \geqslant 13.5$	$\eta \geqslant 14.5$	$\eta \geqslant 1.9$	$\eta \geqslant 17.0$
B	$11.5 \leqslant \eta < 13.5$	$12.5 \leqslant \eta < 14.5$	$1.5 \leqslant \eta < 1.9$	$13.0 \leqslant \eta < 17.0$
C	$9.5 \leqslant \eta < 11.5$	$10.5 \leqslant \eta < 12.5$	$1.1 \leqslant \eta < 1.5$	$9.0 \leqslant \eta < 13.0$
D	$7.0 \leqslant \eta < 9.5$	$8.0 \leqslant \eta < 10.5$	$0.7 \leqslant \eta < 1.1$	$6.0 \leqslant \eta < 9.0$
注：带有加热功能的器具，按电热式划分。				

5.7　噪声

加湿器的 A 计权声功率级噪声应符合表 2 要求，实测值与明示值的允差不应超过+3 dB，且最高不应超过限定值。

表 2　A 计权声功率级噪声一览表

产品类型	加湿量实测值 Q/(mL/h)	噪声限值/dB(A)
超声波式	$Q \leqslant 350$	≤38
	$Q > 350$	≤42
蒸发式	$Q \leqslant 180$	≤45
	$180 < Q \leqslant 500$	≤50
	$500 < Q \leqslant 1\ 000$	≤55
	$Q > 1\ 000$	≤60
电热式	$Q \leqslant 300$	≤50
	$300 < Q \leqslant 500$	≤55
	$Q > 500$	≤60
其他类型	$Q \leqslant 350$	≤40
	$Q > 350$	≤45
注：功能组合一体机或复合式器具，按功能测量，结果取较大者，按照对应的较大限值的标准限值考核噪声功能，室外机噪声除外。		

5.8　软水器及水位保护功能

5.8.1　软水器软化水硬度应不大于 0.7 mmol/L（Ca^{2+}/Mg^{2+}）。

5.8.2　软水器软化水硬度大于初始值的 50% 时的累计软化水量应不少于 100 L。

5.8.3　软化后的水的 pH 值应在 6.5~8.5 范围内。

5.8.4　器具应具有水位保护功能，并带有缺水提示功能。

5.9　耐久性

耐久性不应低于表 3 中的 D 级。

耐久性由高到低分为 A、B、C、D 四个等级，具体指标见表 3。

表 3　耐久性分级一览表

耐久性等级	限值/h		
	电热式	超声波式	其他类型
A	≥3 500	≥5 000	≥5 000
B	≥3 000	≥4 500	≥4 400
C	≥2 500	≥4 000	≥3 800
D	≥1 500	≥3 500	≥3 200
注 1：复合式按对应类型高要求限值。 注 2：功能组合一体机按加湿方式分级。			

5.10　整机渗漏要求

运行过程中，器具不应有渗漏现象。

5.11　抗菌和防霉

声明具有抗菌、防霉功能的材料，应符合表 4 要求。

表 4　抗菌、防霉限值一览表

项目	限值
抗菌率	≥90%
防霉等级	1 级

5.12 额定水箱容量

实测值应不低于标称值的95%。

6 试验方法

6.1 试验条件

6.1.1 试验环境条件

6.1.1.1 额定加湿量试验环境按附录B规定。

6.1.1.2 其他试验按具体试验规定。

6.1.1.3 试验水温按具体试验规定。

6.1.2 试验水样

按照产品使用说明要求配制;使用说明无要求的,按GB/T 23119规定的方法配制,水的总硬度(1.50±0.20)mmol/L(Ca^{2+}/Mg^{2+})。

6.2 仪器条件

6.2.1 用于型式检验的电工测量仪表,其相对不确定度应不高于1.0%,出厂检验应不高于2.0%。

6.2.2 温度计,不确定度应不高于0.5 ℃。

6.2.3 计时仪表,相对不确定度应不高于0.5%。

6.2.4 衡器以克(g)计,相对不确定度应不高于1.0%。

6.2.5 水量计以升(L)计,不确定度应不高于0.1 L。

6.2.6 湿度计不确定度应不高于2%。

6.3 安全检验项目

安全项目按GB 4706.1和GB 4706.48的要求进行检验。

6.4 外观质量

通过视检检查其是否符合5.4的要求。

6.5 加湿量

按附录B规定的方法进行。

6.6 加湿效率

在额定工作条件下,器具在最大挡位,测量输入功率 W。

按式(1)计算加湿效率:

$$\eta = \frac{Q}{W} \qquad \cdots\cdots\cdots\cdots(1)$$

式中:

η ——加湿效率,单位为毫升每小时瓦特[mL/(h·W)];

Q ——加湿量实测值,单位为毫升每小时(mL/h);

W ——输入功率实测值,单位为瓦特(W)。

6.7 噪声试验

按附录 C 规定的方法进行。

6.8 软水器及水位保护功能

6.8.1 附带软水器功能的加湿器,按附录 D 规定的方法进行。

6.8.2 按使用说明要求运行,检查水位保护功能是否有效可靠。

6.9 耐久性

在环境温度(25±5)℃、相对湿度不高于 60%、无强制对流环境下连续运行。并采用 6.1.2 规定的试验用水试验。

在正常工作状态下,先测定初始加湿量,然后以最高档连续运行工作,当累计运行时间达到表 3 规定的相应要求时,停止试验,并测定加湿量,如该加湿量大于初始值的 50%,试验有效。

上述试验后,水位保护功能应能正常工作。

注 1:在试验过程中,按照使用说明的要求定时清洗或更换组件。

注 2:蒸发式加湿器每 500 h 更换一次蒸发器。

注 3:超声波式加湿器可更换一次超声波发生器。

注 4:到达累计时间,按照说明书要求清洗加湿器后再进行加湿量测试。

6.10 整机渗漏试验

按水箱容量注满水,不通电状态静置 24 h 后,在正常工作状态下连续工

作 0.5 h。

观察是否有渗漏现象。

6.11 抗菌、防霉和除菌

抗菌、防霉试验按 GB 21551.2 中规定的方法试验。

除菌试验参照附录 E 进行。

6.12 包装防护试验

按 GB/T 4857.5 中规定的方法试验。

6.13 水箱容量

称量不加水时的水箱质量 m_0(g)，加水到规定刻度（无刻度水箱加满）后，再称量其质量 m_1(g)。

按式(2)计算水箱容量：

$$C = \frac{m_1 - m_0}{\rho \times 1\ 000} \qquad \cdots\cdots(2)$$

式中：

C ——水箱容量，单位为升(L)；

m_1——水箱加水到规定刻度（无刻度水箱加满）的质量，单位为克(g)；

m_0——水箱不加水时的质量，单位为克(g)；

ρ ——水密度，为 1 g/mL。

7 检验规则

7.1 检验分类

检验分为出厂检验和型式试验。

7.2 出厂检验

7.2.1 出厂检验的必检项目

凡正式提出交货的加湿器，均应进行出厂检验。

出厂检验的必检项目见表 5 序号 1、序号 2、序号 4、序号 5、序号 6、序号 7 的内容。

7.2.2 出厂检验的抽查项目

出厂检验抽样应按 GB/T 2828.1 进行。检验批量、抽样方案、检验水平及接收质量限，由生产厂和订货方共同商定。

出厂检验的抽检项目见表 5 序号 1~序号 10 的内容。

表 5 检验项目一览表

序号	检验项目	不合格分类	技术要求	试验方法
1	标志	A	8.1	视检
2	电气强度	A	GB 4706.48	GB 4706.48
3	泄漏电流	A	GB 4706.48	GB 4706.48
4	接地电阻	A	GB 4706.48	GB 4706.48
5	包装	C	8.2	视检
6	使用说明	B	8.3	视检
7	外观质量	C	5.4	6.4
8	加湿量	B	5.5	6.5 及附录 B
9	加湿效率	B	5.6	6.6
10	噪声	A	5.7	6.7 及附录 C
11	软水器及水位保护功能	B	5.8	6.8 及附录 D
12	耐久性	B	5.9	6.9
13	整机渗漏	A	5.10	6.10
14	抗菌和防霉	A	5.11	6.11
15	包装防护功能	B	GB/T 4857.5	6.12

7.2.3 检验样品处理

经型式检验的样品一律不能作为合格产品出厂。

7.3 型式试验

7.3.1 存在下列情况之一时，应进行型式试验：

a） 新产品试制、定型、鉴定时；

b） 正式生产后，当产品在设计、工艺、材料发生较大变化，可能影响产

品的性能时;

c)　停产半年以上恢复生产时;

d)　出厂检验结果与上次型式检验结果有较大差异时;

e)　正常生产时,每年至少进行一次。

7.3.2　型式试验应包括本标准和 GB 4706.1 以及 GB 4706.48 中所规定的所有检验项目。

8　标志、包装、使用说明、运输与贮存

8.1　标志

8.1.1　每台加湿器应有铭牌,并标有下列内容:

a)　制造商或责任承销商的名称、商标或标识;

b)　产品型号及名称;

c)　主要技术参数:额定电压、额定频率、额定输入功率、额定加湿量;

d)　制造日期和/或产品编号。

8.1.2　包装上的标志应符合 GB/T 5296.2 和 GB/T 191 的要求。

8.2　包装

8.2.1　应按 GB/T 191 和 GB/T 1019 的有关规定进行包装。

8.2.2　包装箱内应附有合格证、装箱单和产品使用说明。

包装箱上应有产品执行标准编号及名称。

8.3　使用说明

使用说明内容应有:

a)　使用条件:环境温湿度、加湿用水等;

b)　额定加湿量;

c)　加湿效率;

d)　额定水箱容量;

e)　噪声;

f)　清洁保养及故障说明(包含长期放置后再使用的说明);

g)　其他应需要说明的情况。

8.4　运输

在运输过程中应避免碰撞、挤压、抛扔和强烈的振动以及雨淋、受潮和暴晒。

8.5　贮存

贮存于干燥、通风、无腐蚀性及爆炸性气体的库房内,并防止产品损坏。

附　录　A
（资料性附录）
规格和型号命名方法

A.1　规格

以额定加湿量表示。

A.2　型号及其含义

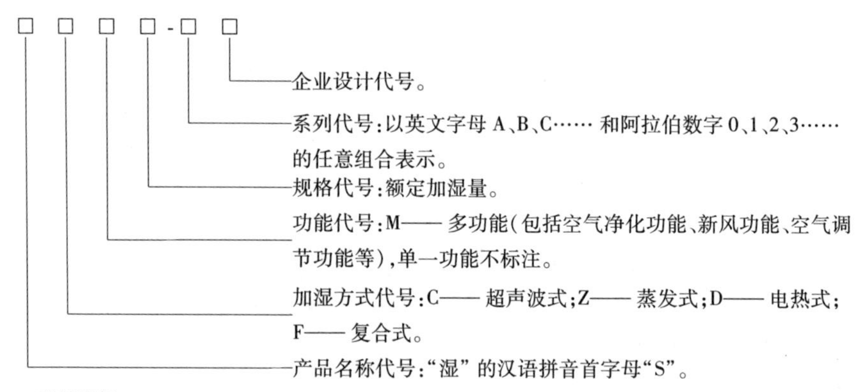

型号示例：

SZM500-21AC01 即额定加湿量为 500 mL/h 的 21AC 系列带有蒸发加湿功能的多功能一体机，企业设计代号为 01。

附　录　B
（规范性附录）
加湿量测定方法

B. 1　测试的标准条件

测定的条件应符合表 B. 1 的要求。

表 B. 1　测定条件

试验条件	加湿方式[b]		
	蒸发式及含有蒸发式的器具	电极式	其他类型
电源电压/V	220±1		
电源频率/Hz	50±1		
温度/℃	23±2		
相对湿度/%	30±5	30～70	
试验水温/℃	23±2		
水质	应符合 6. 1. 2 的要求	电导率(450±10) μS/cm NaCl 水溶液[c]	应符合 6. 1. 2 的要求
放置方式	器具应置于实验室中心位置，台式器具放置在试验台上，如图 B. 1 所示；落地式器具直接放置地面上，如图 B. 2 所示。若说明书中有要求，则按照使用说明要求放置		
工作状态	最大加湿量工作状态或说明书标称工作状态		
预运转时间[a]/h	0. 5		
注：其他额定电压和额定频率的加湿器加湿量的测定参照本方法。			

[a] 在试验开始前运转时间。

[b] 多功能的器具，选择表中对应的加湿功能条件进行试验。

[c] 纯净水加 NaCl 配成的溶液。

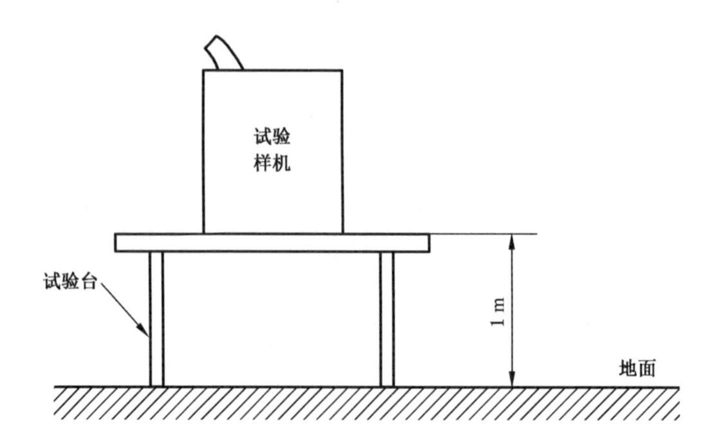

图 B.1　台式加湿器放置位置示意图

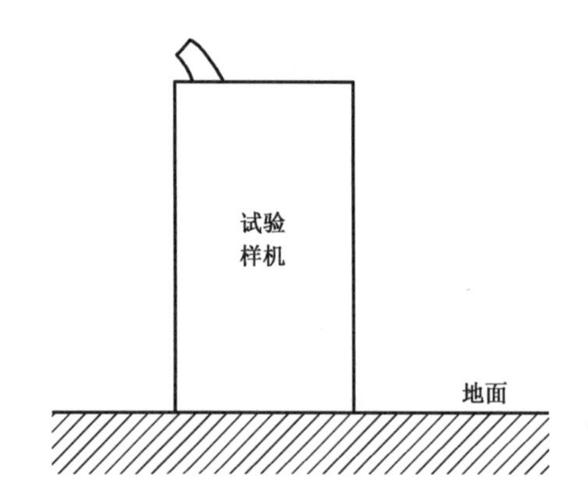

图 B.2　落地式加湿器放置位置示意图

B.2　测定方法

B.2.1　按说明书要求对加湿器或其部件进行预处理后进行试验。若未要求则直接进行试验。

B.2.2　预运转工作 0.5 h 后，称量加湿器的整机质量 m_1。

B.2.3　试验运行：试验运行至最低水位限或缺水提示或运行大于 3 h 的器具运行至 3 h 停止试验，称量加湿器的整机质量 m_2。

B.3　加湿量的计算

加湿量按式(B.1)计算,其中水的密度按 1 kg/L 计。

$$Q = \frac{m_1 - m_2}{\rho \times T} \times 3\ 600 \quad \cdots\cdots\cdots\cdots\cdots\cdots\cdots\cdots\cdots(\text{B.1})$$

式中:

Q ——加湿量,单位为毫升每小时(mL/h);

m_1——试验开始时加湿器的整机质量,单位为克(g);

m_2——试验结束时加湿器的整机质量,单位为克(g);

ρ ——水密度,为 1 g/mL;

T ——加湿量试验的时间,单位为秒(s)。

附 录 C
（规范性附录）
噪声测定方法

C.1 测量依据

加湿器噪声测量按 GB/T 4214.1—2017 相关规定进行。

C.2 测试条件

C.2.1 噪声测试环境为半消声室。

C.2.2 将加湿器放置于测试场地面几何中心位置，厚度 5 mm～10 mm 的弹性橡胶垫层上。

C.2.3 使加湿器在额定工作状态下，正常工作 1 h 后开始进行噪声测试。直接蒸发式、离心式加湿器调至最高风速挡位进行测试，其他类型加湿器调至最大加湿工作状态进行测试。

C.3 测量方法

C.3.1 测试量

测试量为 A 计权声功率级，L_W，以分贝（dB）为单位（基准量 1 pW）。

C.3.2 传声器的布置

C.3.2.1 如果加湿器的每一边长都不超过 0.7 m，则测量表面为半球面，带有 10 个测点。半球面测量表面的半径 r 不小于 1.5 m。测点位置示意图见 GB/T 4214.1—2017 中的图 4。

C.3.2.2 如果加湿器的某一边长超过 0.7 m，测量表面是带有 9 个测点的矩形六面体。测量距离 d 采用 1 m。测点位置示意图见 GB/T 4214.1—2017 中的图 1。

C.3.3 声压级和声功率级的计算

如果测量的噪声过小，则背景噪声级对测量产生的影响应按照 GB/T 4214.1—2017 进行修正。对 A 计权声压级，其各测点所测的声压级的平均

值按式(C.1)计算:

$$L_p = 10\lg\left[\frac{1}{N}\sum_{i=1}^{N} 10^{0.1L_{p_i}}\right] \quad \cdots\cdots(C.1)$$

式中:

L_p ——各测点的平均声压级噪声值,单位为分贝(dB);

L_{p_i}——第 i 个测点测得的声压级噪声值,单位为分贝(dB);

N ——测点数。

被测加湿器的声功率级的平均值按照式(C.2)计算:

$$L_W = L_p + 10\lg\frac{S}{S_0} \quad \cdots\cdots(C.2)$$

式中:

L_p ——各测点的平均声压级噪声值,单位为分贝(dB);

L_W——被测加湿器的声功率级噪声值,单位为分贝(dB);

S ——测量表面面积,单位为平方米(m^2);

S_0 ——基准面面积,取 $S_0 = 1\ m^2$,单位为平方米(m^2)。

附 录 D

（规范性附录）

软水器性能试验方法

D.1 范围

本方法适用于加湿器配装使用的软水器性能测试。

D.2 基本性能与指标

D.2.1 初始硬度

试验用水的初始硬度为(2.50±0.20)mmol/L(Ca^{2+}/Mg^{2+})。

D.2.2 软化水硬度

软化后水的硬度不大于0.7 mmol/L(Ca^{2+}/Mg^{2+})。

D.2.3 软化水 pH 值

软化后水的 pH 值应在6.5~8.5之间。

D.3 试验条件

D.3.1 试验环境

软水器性能试验环境为：

a） 环境温度：(20±5)℃；

b） 环境相对湿度:30%~70%。

D.3.2 试验仪器

应符合 GB/T 7477 的相关要求。

D.3.3 试验水样制备

试验用水样选用纯净水,处理至标准试验水样硬度。

按 GB/T 5750.4 的要求测试其初始硬度,应为(2.50±0.20)mmol/L

(Ca^{2+}/Mg^{2+})。

D.4　试验方法

D.4.1　软化水硬度试验

选取符合 D.2.1 规定的水样，用软水器将水样进行软化，按 GB/T 5750.4 的要求测试软化后的水样硬度。

D.4.2　软化水 pH 值试验

测定经 D.4.1 试验软化后的水样 pH 值。

D.4.3　软化水量试验

D.4.3.1　用软水器对试验用水进行软化试验。

试验过程中每软化 10 L 水，等间隔取出 3 组水样，每次取水样量为 25 mL，按 GB/T 5750.4 的要求测试三组水样的硬度，计算其算术平均值。

持续试验，直至 3 组水样硬度算术平均值不符合 D.2.2 的要求，记录软化水量。

D.4.3.2　对软水器进行再生，重复 D.4.3.1 试验。

D.4.3.3　软水器经再生后单次软化水量小于初次使用软化水量的 50% 时，视为软水器失效，结束试验。

D.4.3.4　经软化处理水的总量即为软水器的软化水量。

附　录　E

（资料性附录）

加湿器除菌试验方法

E.1　范围

本方法适用于声称带有除菌功能的加湿器。

E.2　方法概述

使一定浓度的菌悬液与除菌模块或除菌部件相接触，通过接触前后试验组和对照组含菌量的变化计算除菌率。

E.3　试验菌种和仪器

E.3.1　试验菌种

E.3.1.1　试验菌种的选择

大肠埃希氏菌 *Escherichia coli* AS 1.90

金黄色葡萄球菌 *Staphylococcus aureus* AS 1.89

E.3.1.2　一般要求

试验菌种应满足以下基本要求：

a）根据使用要求，也可选用产品明示菌种或菌株作为试验用菌，但所有菌种或菌株由国家相应菌种保藏管理中心提供并在报告中标明试验用菌种名称及分类号；

b）实验室要依据国家相关规定安全使用试验微生物，并且尽量选择非致病或低致病微生物；

c）培养菌种使用的各种培养基组分，要符合菌种保藏管理中心的要求；

d）所有涉及微生物操作的器皿和材料都要提前进行灭菌，首选湿热灭菌（121 ℃，20 min）。

E. 3. 1. 3 培养条件

E. 3. 1. 3. 1 菌种培养条件

如果菌种提供机构有特殊要求,应以其要求为准。没有特殊要求的,试验菌种的一般性培养条件应符合 GB 21551. 2—2010 中 A. 5. 2 和 A. 5. 3 的要求。

本附录的试验条件都是以大肠埃希氏菌和金黄色葡萄球菌为例,如果是其他试验菌种,相应的试验条件要随之改变。

E. 3. 1. 3. 2 磷酸盐缓冲液

磷酸氢二钠(无水)(Na_2HPO_4)	2. 83 g
磷酸二氢钾(KH_2PO_4)	1. 36 g
非离子表面活性剂吐温-80	1. 0 g
蒸馏水	1 000 mL

高压蒸汽灭菌 121 ℃,20 min。

E. 3. 1. 4 试验菌种的活化和菌液的制备

将标准试验菌株接种于斜面固体培养基上,在(37±1)℃ 条件下培养(24±1)h 后,在 5 ℃~10 ℃下保藏(不得超过 1 个月),作为斜面保藏菌。

将斜面保藏菌转接到平板固体培养基上,在(37±1)℃ 条件下培养(24±1)h,每天转接 1 次,不超过 2 周。试验时应采用 3 代~14 代、24 h 内转接的新鲜细菌培养物。

用接种环从新鲜培养物上刮 1 环~2 环新鲜细菌,加入适量磷酸盐缓冲液中,并依次做 10 倍梯度稀释液,选择菌液浓度为 5.0×10^5 CFU/mL~1.0×10^6 CFU/mL 的稀释液作为试验用菌液,按GB 4789. 2 的方法操作。

E. 3. 2 仪器

生化培养箱 温控精度±1 ℃

冷藏箱 5 ℃~10 ℃

干燥箱 0 ℃~300 ℃

超净工作台(100 级)或生物安全柜

压力蒸汽灭菌器

平皿、试管、移液枪、接种环、酒精灯等实验室常用器具。

E.4 试验步骤

E.4.1 样机预处理

试验样品需要先在无菌室预运转消耗 5 L 水后再进行如下处理。

试验样品预运转结束后，水槽、水箱用 75% 的乙醇溶液冲洗 2 次，再用无菌水或者 PBS 冲洗 3 次，自然晾干或在无菌室内吹干。

E.4.2 除菌

根据除菌模块或者除菌部件的位置，在相应的位置加入 500 mL 菌悬液，在无菌烧杯或者三角瓶中加入同等量的菌悬液，试验样机和对照组在室温下静置 24 h 或开启除菌功能，按照制造商声称的除菌时间运行。

注 1：如果水箱或者水槽容积小于 500 mL，按照水箱或水槽的最大容积 V(单位：mL)添加菌液，静置时间 T(单位：h)按照式(E.1)调整：

$$T = \frac{V}{500} \times 24 \qquad (E.1)$$

式中：

T——静置时间，单位为小时(h)；

V——水箱或水槽的最大容积，单位为毫升(mL)。

注 2：取样位置可根据加湿器加湿原理和出雾方式的不同，调整为水槽或出雾口等处取样。

E.4.3 回收

结束后，将试验组和对照组菌液混合均匀，在相应位置处取样，分别进行 10 倍梯度稀释，选取合适的稀释度，倾注平板，(37±1)℃培养 24 h~48 h，计数。

E.5 计算

E.5.1 试验有效性判定

试验结果应满足：经静置或运行后，对照组回收的菌落数应不低于 1×

10^4 CFU/mL,否则试验无效。

E.5.2　除菌率按照式(E.2)计算:

$$R = \frac{B - A}{B} \times 100\% \qquad \cdots\cdots(E.2)$$

式中:

R——除菌率;

A——试验样品平均回收菌数,单位为 CFU/mL;

B——对照样品平均回收菌数,单位为 CFU/mL。

参考文献

[1] 姚楚水,杨燕,丁兰英,等. 超声波加湿器内水中自然菌生长情况及对空气污染的研究[J].中国消毒学杂志,2005,22(4):442-444.

[2] 李博,王欣,杨悦峰. 一起加湿器传播病原微生物引起室内空气污染时间调查[J].现代预防医学,2014,44(9):1719-1722.

[3] 姚艳春,张庆玲,赵金丹,等. 加湿器对空气中细菌含量影响的研究[J].2017年中国家用电器技术大会论文集,2017:736-739.

[4] 王景梅,刘翠翠,杨妙丹. NICU采用不同用水加湿空气对空气细菌检测结果的影响[J].世界最新医学信息文摘,2016,16(56):185-186.

[5] 李小娇,王秀萍,董玮利,等. 家电抗菌技术的研究现状与发展趋势分析[J].家电科技,2020,0(2):52-55.

[6] 张庆玲,鲁建国,张晓. 抗菌、除菌家电的生物安全性探讨[J].2013年中国家用电器技术大会论文集,2013增刊:821-824.

[7] 李泽国,阳文,崔辉仙,等. 抗菌技术在家电领域应用的研究进展[J].家电科技,2012(07):75-78.